2012 China Interior Design Annual

2012中国室内设计年鉴（2）

《中国室内设计年鉴》编委会

辽宁科学技术出版社

目录

酒店

Hotel

上海外滩华尔道夫酒店 004
唯港荟酒店 010
济南阳光壹佰美爵酒店 016
三亚半山半岛洲际度假酒店 022
上海安达仕酒店 026
三亚美高梅度假酒店 030
上海外滩东方商旅精品酒店 034
上海外滩英迪格酒店 040
重庆野生动物世界两江假日酒店 046
广州天河新天希尔顿酒店 050
皇庭V酒店 058
重庆江北希尔顿逸林酒店 064
锦江新乡酒店 068
锦江惠州酒店 074
广州花都合景喜来登度假酒店 078
广州圣丰索菲特大酒店 084
澳门悦榕庄 088
广交会威斯汀酒店 094
世博洲际酒店 100
宁波泛太平洋大酒店 106
成都岷山饭店 110

文化教育

Culture and Education

菲律宾新港表演艺术剧院 116
上海迷宫 120
798 2010艺术空间 126
成都当代美术馆 132
德国歌德学院启蒙艺术展儿童体验区 136
无锡大剧院 142
新清华学堂音乐厅 148
崇明规划馆 152
无锡灵山五印坛城 156
杭州天童早教中心 162
杭州金隅幼儿园 166
耀莱国际（西安）影城 170
世界花园桥峰艺术品设计与陈列 174
西安曲江国际会议中心 178
东湖国际会议中心 182

CONTENTS

娱乐休闲

Entertainment Leisure

186 本色酒吧广州店
190 “梦”俱乐部
194 茶室
198 方糖量贩KTV
202 瑞Spa
206 北京Agogo KTV悠唐店
210 凰茶会
214 上海新天地G+酒吧
218 环秀晓筑挹翠堂
224 上堡藏馆
228 涟依Spa会所
232 厦门海峡国际社区原石滩Spa会所
236 瓦库7号
240 西安世园会魔石乐园
244 乔治Spa
248 恬咖啡

商业展示

Business Display

252 耀莱新天地奢侈品中心
256 上海半岛1919红坊艺术设计中心
262 上海方太厨电馆
268 TP国际名品
274 上海GOBO
278 奈瑞儿碧桂园店
282 绿色未来——福田电器产品接待中心
286 天瑞酒庄
290 广州国际设计周汤物臣・肯文创意集团展位
294 启尔红酒酒具专卖店
298 素颜旋律
302 U/TI品牌女装文一店
308 北京悠唐生活广场
312 南方电网汕头电力多媒体展厅
316 递展国际ELLEDUE家具展厅
320 ISNANA女装专卖店
324 上海中升之星
330 雅戈尔上海延安路一号旗舰店
334 尊邸

上海外滩华尔道夫酒店 The Waldorf Astoria Shanghai on the bund

设计单位:美国HBA公司（Hirsch Bedner Associates）/ 设计：IAN CARR 、Connie Puar / 面积:17000 m^2 / 坐落地点:上海中山东一路2号 / 采编:郑玉莹

建于整整一个世纪之前十里洋场的上海总会大楼，经美国HBA室内设计公司（Hirsch Bedner Associates）精心修缮后重现昔日光辉，重开为豪华的上海外滩华尔道夫酒店。

此地标大楼建于维多利亚时代，洋溢英式文艺复兴风格，曾是上海最显赫尊贵的社交场所，附设保龄球场、餐厅、生蚝吧、游戏室、发廊及两间酒窖，其长达35 m的Long Bar，曾为全球最长的酒吧，一度成为城中佳话。

此幢历史建筑座落于外滩2号，其光辉历史早被岁月淘尽，多年来曾多次被改建，用作办公室、赌场、电影摄影场地，翻新前最后用途为快餐店。

然而，它现已获得重生，并重现昔日的神采与浪漫韵味，同时亦成为希尔顿酒店集团于亚洲开设的首间Waldorf Astoria 酒店，为豪华旅游创立了全新标杆。

大楼的外观是典型的英国古典主义风格，白色的外墙非常醒目，三四层中间贯以华丽的爱奥尼克柱，南北两侧室壁凸出，五层上南北端有塔楼。上海总会大楼堪称外滩建筑群里一颗璀璨的明珠。

新酒店包括两座大楼，原来的上海总会大楼现在被命名为Waldorf Astoria Club，是一幢全套房大楼；穿过一个庭院，可到达四川路旁边的另外一幢现代塔楼。新酒店共设266个房间、四间餐厅、两间酒吧、一间西饼店、大堂酒廊、宽敞完善的宴会空间及设施、游泳池、健康中心以及水疗中心。

在这项严格的修缮工程的自始至终，HBA的设计师全力投入，务求按照上海市文物管理委员会所定的要求，致力准确保存古迹的原有风貌。

左1 室内泳池
左2 羿庭是连接两座大楼的雅致长廊，两旁为高级餐厅及酒廊，尽览静谧惬意的庭院景色，完美融合了华尔道夫经典氛围和明朗的现代感
右1 酒店旧建筑华尔道夫会所，通向新建筑华尔道夫酒店之间的中庭庭院
右2 历史建筑楼华尔道夫会所的大堂，是酒店中最经典的场景

幸好，上海总会乃当年名闻遐迩的社交热点，因此留下的照片库存也甚为丰富全面，足以为近乎每个修复细节提供指引：从新古典风格的室内装潢与英国殖民地式家具，以至各式灯饰、中国古典点缀及工艺品都丝毫不差。

透过仔细参详大量的库存照片及纪录，室内原有的西西里云石柱以及从英国伯明翰进口的彩色玻璃，都得以精细修复。

修缮工程讲求巨细无遗的缜密以及适当的灵活性。当设计师无意地发现一根不在设计图上的圆柱时，便对其进行巧妙的修改，使之与整体的设计天衣无缝，这无形就是一种挑战。建筑内部的所有细节，从天花装饰、嵌墙饰板以至西西里云石柱及英国进口的彩色玻璃，或修旧如旧，或重新创造，使之恢复历史风貌。

将近数十年来多次改建所用的物料清除完毕后，HBA 发现大楼原有的室内装潢耐久度极高。大楼本身的假天花等原有装潢隐藏于电影道具下，仍然保存得相当完好。

大楼内部还有不少令人惊讶的粗浅改变，如绘于宴会厅天花板上的《最后的晚餐》，以及曾令上海总会成为一时佳话、如今却抹上肯德基快餐店色彩的酒吧（廊吧Long Bar）。

HBA在大楼内布置有维多利亚时代流行的家具与装饰，所用布料皆为宝石色调，并缀以大量贵气的吊穗与镶边。HBA采用了较具现代风格的艺术珍品及布艺装饰，令室内空间隐约流露时尚感。一盏气势恢宏、维多利亚时期风格的水晶吊灯，从中庭古老的天窗上倾泻而下。而历经岁月磨砺的古董地板也得以保存，使得空间更具凝重的历史感。

华尔道夫会所生动重现了当年上海总会的著名酒吧廊吧。昔日，宾客于吧台前所站的位置，能反映出不同的社会地位。可惜曾贵为闻名中外社交热点的廊吧，早已失落于日本侵华时期。HBA 凭借库存照片对其原有特色的清楚反映，恢复了从深色实木嵌板、白色云石吧台，以至线条硬朗的深色家具等各种细部，从而把昔日的Long Bar 再现在世人面前。

这幢历史建筑内，最为浪漫的空间莫过于宴会厅（The Grand Ballroom）。这里经过巧夺天工的修饰后，不但保留原有的温暖实木护墙、暗黄灰泥墙身、精致天花与墙边装饰，更沐浴于从古老水晶吊灯散射而来的柔和光线中，展现出昔日难以想象的精致与细腻。此外，充满东方色彩、足以覆盖整个用膳区的地毯，亦令人印象难忘。

大楼内20间套房则可谓整项翻新工程中最瞩目的亮点所在，会所的套房被酒店形容为“超越家居”的住所，实在当之无愧。

HBA的设计团队按要求构思出一间在1911年令到访皇族莫不称心的套房，并成功打造出较原有欧式经典设计更浪漫、更精致的空间。套房附设宽敞的浴室、步入式衣帽间，以及夺目美观的壁炉。室内缀以华丽的水晶吊灯、维多利亚时期流行的深色桃木家具，以及中国古董仿制饰品，尽现豪华气派。精致的设计，为宾客呈献从容不迫的极致享受，恰如一个世纪前般历久不衰，同时亦可媲美坐落纽约的华尔道夫大酒店。

左1 百味园位于华尔道夫酒店的下沉一层，由在充满活力的大堂吧弈庭围绕在中央
左2 Pelham's 西餐厅融合了法国餐饮的精致和纽约式优雅
左3 蔚景阁中餐厅，阁楼式建筑风格，与百年建筑完美融合
左4 会议室
右1 作家楼，可用作图片馆和小型聚会场合
右2 议会大厅

左1 宴会厅与一个可俯瞰外滩的露天阳台相通，依托着上海美丽如画的滨江步行道，供举办婚礼或各种高端社交活动
左2 婚礼会场
左3 华尔道夫套房入口设计
右1 70～80平方米空间的豪雅套房装点精美优雅
右2 华尔道夫套房浴室

AURORA

WALDORF ASTORIA

唯港荟酒店 Hotel Icon

设计单位:思联建筑设计有限公司 / 设计：林伟而 / 参与设计：温静仪、Jane Arnett、邓韵婷、萧宝珊、谈健铭 / 面积:470000 m² / 坐落地点:香港 / 完工时间:2011年 / 摄影:Nirut Benjabanpot

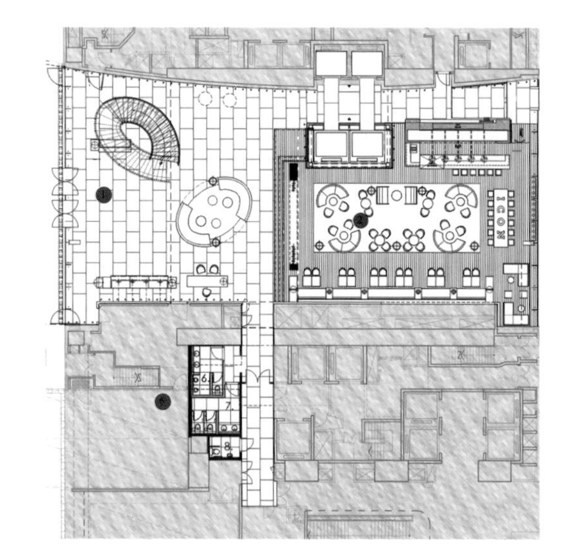

香港唯港荟酒店位于九龙主要旅游区，是香港理工大学设立的教学研究酒店，拥有262间客房。教学理念旨在为创新设计提供有力资源。酒店的布局和材质设计蕴藏了中国的阴阳学说，以曲线家具的柔和弧度中和建筑的方正棱角；Patrick Blanc设计的墙面立体花园柔化了建筑设计的较为冰冷坚硬的大理石墙。标准客房的浴室内亦设计了非常规的弧形淋浴间。

入口处的巨型门套及超常规的大堂酒吧台，使用了香港曾经十分普遍但现在日益消失的镂空图案折迭铁闸门，唤起许多本地顾客的美好回忆。玻璃观光梯塔展示了本地艺术家融合中国元素的设计作品。

以单纯的层压板及内部照明制作出连接二层的回旋向上的楼梯，与大堂内具有雕塑形态的座椅互相呼应。

“银盒子”宴会厅以特别设计定制的菱柱形水晶玻璃天花代替传统的吊灯。

健身区域设计成30尺高的盒子形状，加上室外泳池，可以共同观赏香港美丽景色。

每层的客房大堂均以学生的摄影作品作为装饰。

教学餐厅不单对外开放还兼具教学功能，轻松营造餐饮与教学的双重氛围。

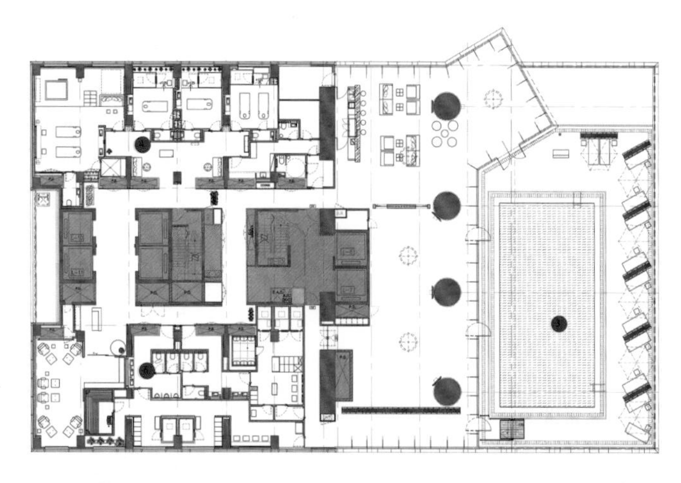

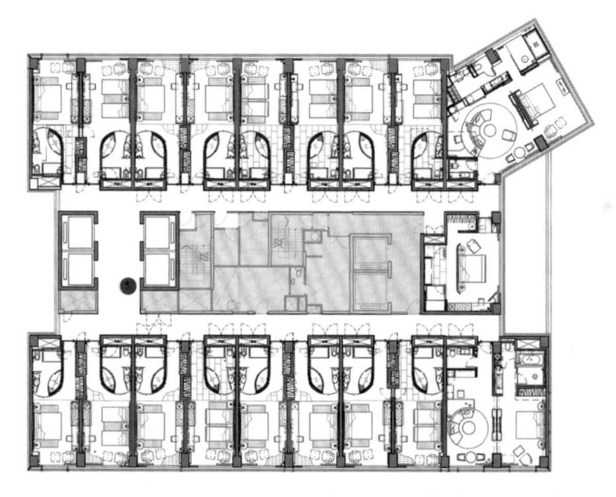

左1 露天泳池
右1 大堂

左1 大堂吧一景
右1 曲线家具和旋转楼梯柔和了大堂空间
右2 休息区
右3 大堂吧

左1 餐厅
左2 餐厅酒吧一角
左3-左4 餐区
右1 过道小景
右2 豪华套房

济南阳光壹佰美爵酒店 Grand Mercure Jinan Hotel

设计单位:香港维捷室内设计有限公司 / 设计：梁小雄 / 装饰设计：谭清波、梁伟聪、洪继先、梁伟兴、唐天成 / 灯光设计：钱吉、蒋雷 / 面积:28000 m² / 主要材料:木材、石料 / 坐落地点:济南槐荫区 / 工程造价:7500万元 / 完工时间:2011年9月 / 摄影:DAIDAI

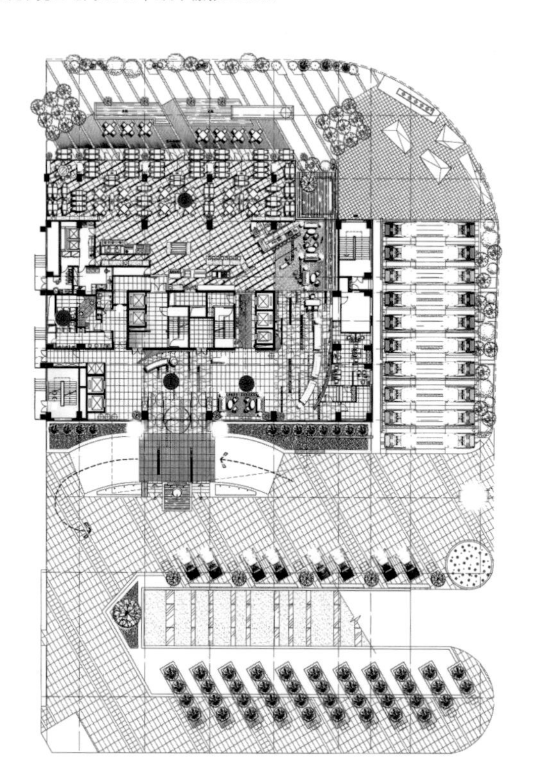

1. 大堂吧
2. 餐区
3. 休闲区
4. 公共洗手间

济南美爵酒店位于济南西部商业圈，原建筑为办公楼，经过香港维捷针对济南当地的精英状况进行了整体规划设计，并于2011年9月正式开业。

济南美爵酒店从酒店建筑点线面的设计手法延伸到酒店个个功能分区，风格现代时尚与法国浪漫情调结合一身，充分展现了阳光壹佰集团“更简朴，更自由，更青春”的生活方式。

左1 大堂
左2 自助餐区

左1 中餐厅
右1 自助餐厅
右2 行政酒廊
右3 大堂

左1 大堂
左2 走道
左3 客房卫生间
右1 客房卧室

三亚半山半岛洲际度假酒店 InterContinental Sanya Resort

设计单位:新加坡WOHA建筑设计公司 / 面积:130000m² / 坐落地点:海南三亚 / 摄影:申强 / 撰文:冯程程

坐山观海的三亚半山半岛洲际度假酒店，是三亚仅有的天然热带生态绿洲。椰树摇曳的原生态海滩、葱郁秀丽的热带花园和波澜壮阔的蔚蓝海洋，每一处每一笔都抒写着淡雅深闺、远离喧嚣、悠然静谧。

酒店由新加坡WOHA建筑设计公司设计，总占地面积达130000m²，有别于其他传统东南亚度假酒店，WOHA摒弃浮华，以简洁明快的设计手法，诠释极致。

酒店建筑外立面采用深浅不一的灰色花岗岩和铸铁花格，弧形伸展的主楼亘古深邃而又幽然通透。尤其是在夜晚灯光的衬托下，酒店纤薄优美的身体宛若披上了一件美丽的婚纱，熠熠生辉。沿着山路盘旋上升，自然景观与酒店环境完美融合，椰树毗邻、海风迎迎。因为占据独特的地理优势，WOHA在设计上格外注重室内外空间的衔接，有别，却又浑然一体，使得空间无限大。

开放式的大堂，贯穿整个度假村。大面积铜质吊顶、米黄色大理石地面、黑檀木装饰面连接着铸铁花格，形成一道镂空墙面隔断，几盏铜质吊扇时而还会和海风一起嬉戏。在清晨，阳光铺洒，整个大堂明亮而又舒畅。

半山半岛洲际度假酒店拥有357套从120m² 到322m² 的全海景两居或三居全套房，所有客房都是单面建筑，南北通透，间间畅想180° 超大观景阳台，将小东海与三亚湾上的日出日落一览无遗。

客房设计摩登而又别致。与户外空间自然衔接，一气呵成。下沉式吊顶设计让整个空间棱角分明。黑檀木家具揉进色彩斑斓的布艺，墙面充盈着自然的藤编装饰，床头背景墙则是采用了海南当地少数民族——黎族特有的“织锦”作为装饰。富有浓郁民族文化的“织锦”，内容浩瀚，内涵深邃，把空间衬托得别致而另有一番风情。加上透着黄黄悠悠的藤编吊灯，白色吊扇和自然老木头墙面装饰，把海岛风情展现得淋漓尽致。在客房还运用了大量的落地玻璃，因而房间显得更加宽敞明亮。更有下沉式浴缸设计，令您在享受浸浴乐趣时亦能欣赏到绝佳的户外海景。酒店还有24栋独立的海滨别墅，1间总统套房和12间行政套房。所有别墅都配备私人户外用餐区、私人泳池、池

左1 酒店外景
左2、左3 自然景观与酒店完美的结合
右1 外立面深浅不一的灰色花岗石
右2 大堂吧

畔露台和户外淋浴。独享的精致花园和户外凉亭里的卧榻，让人恍如置身世外桃源，尘世纷扰一扫而空。

酒店的其他区域，如地中海餐厅、沙滩吧等也因为独特的气候和地理而沿海而建，都是采用开放式结构，既将自然风光与酒店的优美环境融合，同时也减少了对电力照明和空调资源的使用。酒店还拥有豪华无柱式宴会厅、董事会议厅和会议室，可承办500人的鸡尾酒会和350人的宴席。会议室均拥有悦目怡人的自然光照明。

酒店园林绿化使用先进的地下自动园林灌溉系统，可节省大量的水资源。主楼顶上种植了种类繁多的热带园林植物，就像是建筑物的一层天然屏障。因此，这也是三亚第一家绿色环保酒店，开门见山，植被丰富，含氧量高。

洲际水疗SPA是以兰花为布置主题，富有异域格调，给人耳目一新的清新感觉。花岗岩砌成前台接待，背景墙是用LED灯光变幻着魅惑诱人的光影。兰花傲首相迎，沿着灰色花岗岩层层叠叠砌成的长廊，伴着交错流离的灯光和潺潺的水流，让您舒缓身心，释放心灵。在这里值得一提的是，WOHA独具匠心，运用钢网和煤炭以及老木头的完美契合，撑起会所的墙体隔挡，在钢网上甚至还可以种植盆栽，新奇又环保。

海上中餐厅可以说是整个洲际度假酒店一个徜徉开来的亮点，设计以独特的视角和手法为这片蔚蓝色的海域弹奏起瑰丽的乐章。一栋栋大气简约的木屋置身距离海岸线100 m的海上，阳光普照和海水的冲刷，让海上中餐厅与自然环境浑然天成，让您体验一场非凡的中式珍馐之旅。

三亚半山半岛洲际度假酒店作为洲际的亚洲旗舰店，它的特别和美丽是因其设计源于生活，生活源于自然。而自然正是设计本身立足的根本。让建筑与自然环境的完美融合，是对于建筑本身的一种执着和肯定。

无论是踏入酒店服务员给你戴上兰花手环的热情，还是一杯番石榴汁的贴心，无论是赤脚踩在松软白沙上的肆意还是海风拂面的款款温情，无论是白天还是夜晚，无论是俯首还是仰望，三亚半山半岛，纵情揽海听涛。

左1 内外景观相融合的大堂吧
左2 公共卫生间
左3 多功能会议空间
右1 客房卧室
右2 客房梳洗间
右3 客房卫生间

上海安达仕酒店 Shanghai Andaz Hotel

设计单位:Super Potato（日本）/ 设计：Takashi Sugimoto（日本）/ 面积:830 m^2 / 坐落地点:上海嵩山路 /
完工时间:2011年 / 摄影:申强 / 撰文:冯程程

左1 卵形塑钢与楼梯完美结合
右1 拉丝塑钢在柔和灯光抚慰下别样柔情

初冬的法国梧桐披着些许斑驳的妖娆，嵩山路88号，夕阳下的安达仕酒店被染成一片温暖的氤氲。挺拔简洁的砖墙外立面让整栋建筑蜿蜒于新天地古老的楼墙、屋瓦和传统的石库门里弄，强烈的表现力和延伸感，为这座城市浓郁的怀旧情绪平添了一抹亮丽的摩登气息。

“安达仕”是凯悦酒店集团旗下全新系列的酒店，“安达仕”是现代风格的精品酒店概念，均取址于全球最富有活力和独特社群风格的特色城市。“安达仕”一词取自印度乌都语，其蕴含的“自我风格”之意，高度概括其品牌哲学的源泉，即欢庆、尊崇、无微不至的态度满足顾客的个人风格及喜好，并完全融入当地的特色氛围。从纽约、伦敦到好莱坞，安达仕酒店深受当地的历史源起、文化氛围和建筑风格所启发，提炼出当地风情的精粹，使顾客即使在短暂停留间也能融入当地，感悟每座城市独特的魅力。

安达仕的整栋建筑外饰以优雅圆润的窗格造型，与上海古老建筑夹道相迎。行走在新与旧、过去和现在、拆迁和重建之间，你似乎也会随着路人对酒店驻足仰望，而对安达仕的神秘产生了一种向往，一种渴望。当你轻轻撩开这层神秘的面纱，当你被大堂里那横空穿破的拉丝卵形钢塑震撼住的话，你可以肯定安达仕绝对不是一般意义上的五星级酒店。它宛若一件巨型雕塑品夺人眼球。每一根线条，每一个转角，每一处细节，你都会折服于设计师的细腻。

设计师以一种石破天惊的设计手法为整个作品埋下伏笔，因此，在安达仕的每一个角落，你都能为之找到一个解释。在这里，设计师采用了大量的钢结构。钢结构的卵形塑钢、钢结构的楼梯，甚至是前台接待处也是用钢结构来作为隔断。从楼顶倾斜折射于地面，又恰到好处与卵形塑钢以及楼梯作完美的衔接。拉丝塑钢在柔和的灯光的抚慰下，呈现出别样的柔情。

在等待前台工作人员为你办理入住手续的同时，你可以尝一杯咖啡，剥一粒糖块，让自己遵循自己的心情，不必因为身在异乡，而失去了安全和温暖。因此，我们同样可以这样解释，设计师在挥洒创作激情的同时，也势必是设身处地地在为客人寻找“回家”的感觉。不管是大堂门口运用了大量色块堆积的造型长椅，还是暗藏灯带的楼梯，抑或是电梯间转角那一排仰着头沐浴阳光的玩偶，都是安达仕在为你布置“家”的色彩。

沿着钢结构楼梯上去，就是由卵形钢塑包围的一个活动空间，私密但不局促，整个空间除了能让你有种被拥抱的放松之外，还能闻到重金属渗出来的超现代味道。在这里你同样可以商谈、聊天，或者是酌一杯、看一眼楼下大堂酒廊的随性奔放。

酒店一共有28层，占地四层的“海派”毗邻酒店主建筑楼——名字取“摩登上海精神”之意——集餐厅、酒吧、私人包厢于一身，是上海餐饮娱乐的新地标。

位于一层的海派餐厅融合了上海风情的精致和法式小馆的随性浪漫，充分体现了酒店所在的地域特色。餐厅露台可以尽览上海新天地的繁华景象，为食客提供亲切舒适的用餐环境。

餐厅中餐区域设有开放式厨房，用大面积木块交错叠加的操作台如剧场般向食客展示制作过程，在你喝一口茶，翻一页早报的同时，也可以回到上海弄堂炊烟袅袅的浓情蜜意。海派餐厅在夹层设有四间私人包厢，设计师在这里阐述了历史与文化、风格与风情的微妙。镂空铸铁隔断，泛着皎洁灯光的黄锈石墙面，几株纤细的枫树，走道上几个参差摆放着的陶罐，如行云流水般的脱俗和清新。中式高背椅，一排红色玻璃灯把餐桌上的年轮晕染得分外艳红。

在二层和三层是海派酒吧。酒吧设计成私人家庭派对风格，屹立的巨型拉丝卵形钢塑将酒吧分成两层，徜徉在露台鸟瞰上海新天地的绝妙景观，好不自在。

深邃宁静的弧形长廊，长廊木墙面上陈列着由当代知名艺术家为安达仕特别绘制的带着浓烈中国色彩的艺术作品。在这里值得一提的是，这些艺术画定期都会做更换，让客人每次来安达仕都会有不一样的惊喜。安达仕旨在成为一个创意的催化剂，因此，艺术也便成为酒店的一个关键因素，力求起到激发宾客创造力的作用，而非仅仅作为装饰品而存在。

客房内床背景采用了布艺拼接，强烈的色彩反串，弥漫着浓浓的东方味道。这也是Super Potato一贯的设计风格，用他们标志性的花饰来为每一个作品画龙点睛。以强烈的色块感冲击着人们的视网膜。让人激昂澎湃又不禁沉浸。还有镂空雕刻的橡木板承接而上，LED灯从天花板俯射整个房间，你可以根据自己的喜好及心情随意转换室内灯光的颜色和气氛。浴室设计也别有机杼，墙面的石凿设计，优雅的黄锈石在透明的盥洗池和半透明浴缸的衬托下显得格外静谧，恍如是一个水雾朦胧的世外仙境。另外，地热系统为足底提供了舒适的体感。让你真正为享受而去享用。

站在偌大的窗户边，俯瞰淮海路上的繁华霓虹，风不疾不徐穿过石库门的青瓦缝，你还可以看到落地的梧桐叶摇摆着身体紧追人们的脚步。夜晚的安达仕更是有一种缠绵慰藉，醒目的“Andaz”在不断变换色彩的酒店外立面灯光的保护下，带着几分娇羞和妖娆。仰望这座有着优美曲线的大楼，我们可以相信的是，安达仕带给我们的绝对不仅仅只是一个视觉盛宴，更是独具个性，简约和活力。

左1 酒水吧
左2 大堂吧
左3 横空穿破的拉丝卵形钢塑宛若一件巨型雕塑
左4 走道
右1 餐厅通道
右2 融合海风情和法式小馆的浪漫餐厅

三亚美高梅度假酒店 Sanya MGM Grand Hotel

面积:107000 m² / 坐落地点:海南三亚亚龙湾 / 摄影:潘宇峰

三亚美高梅酒店清晰简练的几何线条与繁茂的热带环境形成有趣的对比。对称式布局的建筑配以现代感玻璃幕墙，表现清新明快的现代设计理念。酒店设计充分考虑到与三亚当地环境和人文元素的融合，呈现出一个美轮美奂的新度假胜地。

大堂中心位置高耸的镂空艺术装置具有强列的现代感，气势飞扬，与外围地面放射状图案互为呼应。内设休息座椅，阳光普洒，蓝天悠远，户外美景尽揽入室内，令人心情欢悦畅远。

左1 酒店外景
左2 大堂中央的镂空艺术雕塑
左3 公共通道
右1 阳光普照下的镂空雕塑

左1-左2 大堂自助餐厅
左3 自助餐厅局部
右1 中餐厅
右2 水区

上海外滩东方商旅精品酒店 Les Suites Orient, Bund Shanghai

设计单位:吴宗岳设计 WU's DECO / 设计:吴宗岳(台湾)/ 面积:11698m² / 坐落地点:上海市金陵东路 / 采编:郑玉莹

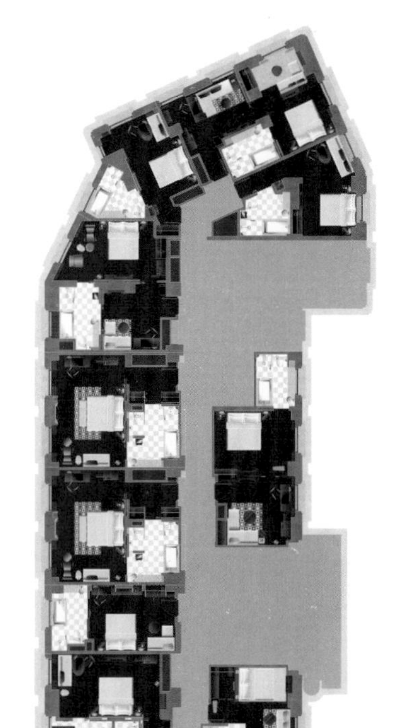

豪华客房平面图

左1 酒店外部夜景
右1 三层大堂
右2 二层餐区

东方商旅，位于外滩精华区的精品酒店已开始运营。绝佳的视野与低调奢华的品位，为上海酒店市场注入新的景象。酒店的设计由知名设计师吴宗岳操刀，将过去上海滩的灵感注入与20世纪30年代装置性艺术元素优雅的融合。

从外滩历史演进、生活文化、人与建筑交错的故事中发现东方商旅……

外滩，历经许多时代的改变，建筑与街道交错着新旧文化。今日的外滩于改造工程后，成为了令人耳目一新的世界品牌时装精品店、顶级餐饮酒吧、国际知名的现代画廊以及多家奢华酒店的聚集地。

酒店的前世今生

东方商旅酒店位于南北外滩交界的中心点，对望浦东陆家嘴，后连豫园及十六铺码头观光区。楼高23层，外观为上个世纪30年代装饰性艺术(Art Deco)的风格，不仅邻近“万国建筑博物馆”， 且曾亲历并见证了中国航运发展与港口建设的历史。该建筑前身曾是19世纪60年代由美国人罗赛尔设立的旗昌洋行，罗赛尔并建设了利源码头，也就是现在十六铺码头的前身。当时旗昌洋行开启了长江航运的竞争，直到1870年被轮船招商局收购为止。1947年，蒋介石回奉化老家而从上海乘轮船到宁波，为了能让蒋介石有休息之处，招商局特别在此设立一小间招待室，从此，这里成为国民党官员乘船的休息所。现在的东方商旅建筑，是1985年所兴建，过去的历史，静静地成为这块土地的记忆。

优雅的低调奢华

该酒店拥有168间豪华客房，包括43间套房，是唯一能以270° 视野尽览北外滩、南外滩、浦东、浦西江景的景观酒店，深刻感受浦西史迹与浦东摩登时空交错相互辉映。客房设计由简单线条交织而成，以柚木地板展现温暖氛围，透过柔和光晕色调营造“家”的舒适。

酒店入口低调，充分注重隐密性。踏上灰色石瓦地，推转金铜旋转门，一楼接待处的大理石散发出温暖的鹅白色。在黑色大理石、深色实木、古铜色铜雕、白色陶胚构成的讲究质感的空间里，感受静谧与温馨服务。走向三楼的柜台，立即映入眼帘的是一台曾在1873年维也纳世博会得奖且近有200年历史的平台式演奏钢琴,若客人想弹琴也可随意奏上一曲。 室内空间规划优雅宁静，结合了艺术与人文，一些挑高的墙面上设置着实木百宝格，陶艺品与古董对象沉稳地摆设其中。进入二楼“东西”餐厅的空间中，即刻映入眼帘的是一张由整块红木制作的大型实木餐桌，保留原始树皮模样与天然的纹路，让人触摸真实的质感。外滩是东西的交汇，东方商旅酒店的设计是东西交融，“东西”餐厅让客人在一个轻松自在的氛围中享用东西方的美食。

东方商旅，上海外滩群星中闪耀的一颗风韵内藏的珍珠!

左1 商业中心
左2 咖啡区入口
右1 一层走廊
右2 咖啡厅

左1 咖啡厅局部
左2 咖啡厅一角
左3 客房接待区
右1 客房
右2 豪华套房

上海外滩英迪格酒店 Hotel Indigo Shanghai on the Bund

设计单位:Hirsch Bedner Associates（HBA）/ 主要材料:原钢、清水混凝土、抛光石膏 / 坐落地点:上海 / 采编:郑玉莹

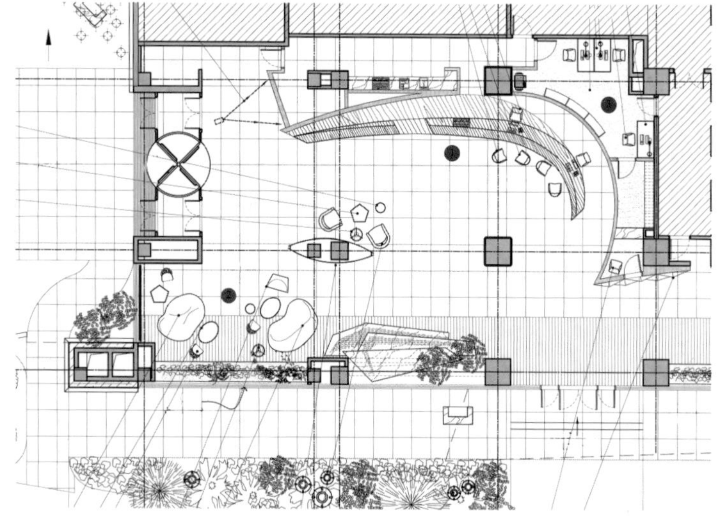

1. 大堂吧
2. 休闲区
3. 办公区

左1 酒店夜景
右1 绚烂瑰丽的酒店大堂

上海外滩英迪格酒店是洲际酒店集团旗下亚洲首家英迪格酒店，HBA的创新设计兼收并蓄而又亲切和谐，体现了上海东西交融、海纳百川、面向未来的城市精神。

英迪格品牌的理念是呈献融汇本土特色的精品酒店，让宾客产生与当地社区紧密相连的亲切感。HBA为了使这家英迪格亚洲旗舰酒店实现这一愿景，精心打造出了一家“拥有独特个性”的酒店，设计遍及酒店的180间客房，当中包括21间江景套房及两间宽敞的花园露台套房。

负责这一项目的HBA 首席设计师Andrew Moore 表示：“历史上，黄浦江对于上海的商贸繁荣与沟通交流起着巨大的影响。上海外滩英迪格酒店的设计就是要体现浦江之畔上海里弄的独特风情。”

HBA 的设计兼收并蓄，亲切和谐，使酒店与毗连的黄浦江以及近在咫尺的十六铺码头紧密相连，水乳交融。十六铺码头曾是上海旧日的门户，一个繁荣的航运和贸易中心。当年，成千上万的欧洲侨民和来自中国各地的移民就是在此上岸，促进了上海这个国际都市的崛起和发展。

Moore 先生补充说：“宽泛的本土风情通常是缜密的酒店设计的一种标志，而在外滩英迪格酒店这个项目中，HBA对本土风情进行了细致入微、丝丝入扣的全新诠释。这种本土风情不是某个国家的，甚至也不是某个城市的，而是一种具体到里弄的独特风情。”

酒店的大堂入口异常绚烂瑰丽，堪称沪上一绝；既反映了酒店位于黄浦江畔的位置，还体现了品牌对自然环境、循环再用，以及生态敏感型设计的承诺。

HBA选择原钢、混凝土、外露砖及抛光石膏等富有张力的基本材料为大堂进行装潢，令人不禁联想到这一空间是从码头旁的滨江阁楼改建而来。而开放式隔室与清水混凝土天花便进一步增强这种效果，并配以全日色彩幻变的灯光。

与大堂如出一辙，客房也呈现一种自然色调：外露的上海灰砖、磨耗效果的灰色嵌板、抛光石膏墙和帆布。与之产生强烈对比效果的是色彩鲜艳跳跃的地毯。中式灯笼、传统家具、陶瓷和古董等兼收并蓄，别致的工艺品和家具带来老上海的感觉。带顶篷的睡床为原创设计，灵感源自传统中式婚礼所用的喜床，经当代手法重新演绎。

Moore 先生指出：“我们在本地集市发掘到不少绝妙的家具。就拿一个十分有趣的落地柜来说吧，我们把它修复，然后喷上新白色搪瓷，让它看起来既旧又新。”此柜更被大量复制，用于每间客房之中。其他家具则体现生态敏感性：每间客房所用的家具虽各有不同，却悉数采用环保材料。

偌大的浴室设有一堵镶在抛光钢框中的玻璃墙，望向黄浦江；并设开放式湿区，当中附设配上长方形瓷面盆的简约盥洗台，营造当代风尚；而独立浴缸也同样时尚摩登。

HBA 这一创新设计古今交织，堪称奇迹。呈现在世人面前的是一个充满年轻活力、符合当代潮流、蕴含无限灵感的极致空间。这一空间从上海的历史走来，并将开创上海未来设计的新风尚。

左1 大堂局部
左2 图书阅览区
左3 餐厅
右1 餐厅
右2 休息区

左1 客房夜景
左2 客房休息区
左3 游泳池夜景
左4 客房卫生间
右1 客房卧室（西式）
右2 客房卧室（简约式）
右3 中式客房

重庆野生动物世界两江假日酒店 Chongqing Safari Parx River & Holiday Hotel

设计单位:HHD假日东方国际设计机构 / 设计：洪忠轩、黎志刚 / 参与设计：谭燕威、赖永生、周春杰、唐海明 / 面积:17000 m² / 主要材料:热带雨林棕、法国木级石、黄金天龙、意大利木纹灰、蒙古黑、非洲柚木、珍珠木、树榴 / 坐落地点:重庆野生动物世界景区内 / 工程造价:1.2亿元 / 摄影:陈中

酒店的文化设计灵魂形象——“归巢”，是强调回归自然与天然之美。以栩栩如生的动物造型，丰富多彩的动物纹理为设计元素，展现动物野性之美和自然界的奇幻之美。设计格调上，特别注重酒店主题的互动性；装饰手法上，则以简约华丽的风格为主线，大胆的色彩搭配运用使酒店风格与众不同。家具、陈设艺术品上，更是利用夸张的造型和丰富变幻的对比色提升空间的层次感，让整个酒店空间富有人文色彩，呈现酒店独有的互动情趣。

酒店地理位置和主题特色使设计机构在设计上有更为大胆的创意和尝试，和大自然的完美互动是此酒店空间的特点之一。酒店的细部处处体现了人文气质和贵族情调，代表了现代人对生活品质和回归自然的崇高追求。

在本项目重庆野生动物世界两江假日酒店项目位于重庆永川市区野生动物生态园区，其处于中国最大的集娱乐、休闲、度假、科普教育、野生动物等综合性的大型主题园区，以“和谐”为设计的主旨，旨在探索人、动物与自然和谐相处的原理。

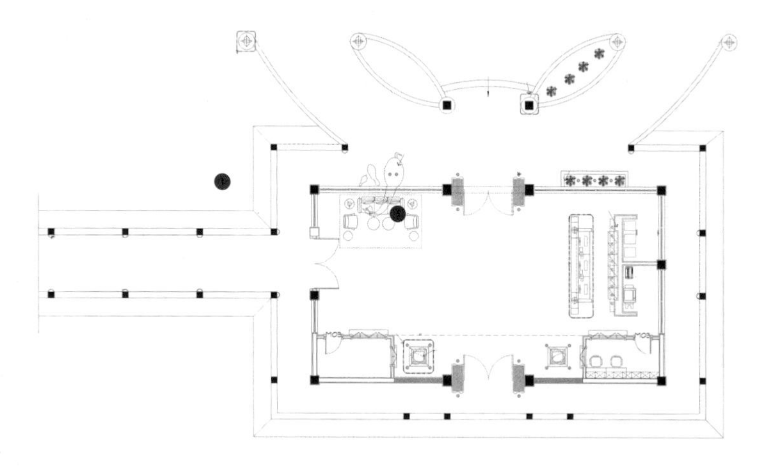

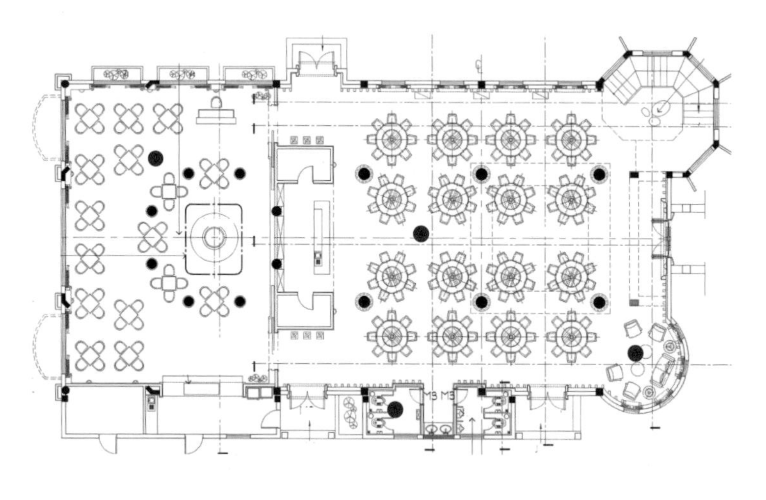

1. 大堂吧
2. 餐区
3. 包厢
4. 多功能区
5. 休闲区
6. 公共卫生间

左1 接待总台
右1 酒店大堂

左1 客房
右1 用餐等待区
右2 鹿角吊灯
右3 客房卧室
右4 动物雕塑

广州天河新天希尔顿酒店 Hilton Hotel of Xintian, Guangzhou

设计单位:广州市城市组设计有限公司 / 设计：潘向东 / 面积:60000 m² / 主要材料:异型钢骨架、牛耳贝、手工地毯、亚克力、大理石 / 坐落地点:广州市天河区林河西横路 / 工程造价:2亿元 / 完工时间:2011年8月 / 摄影:南社・建筑

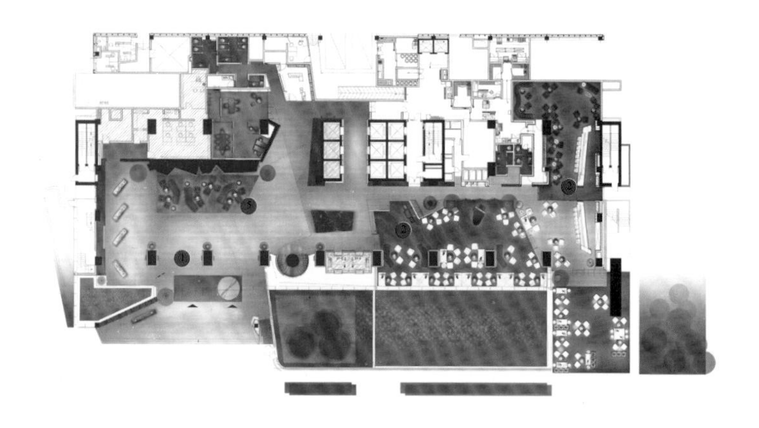

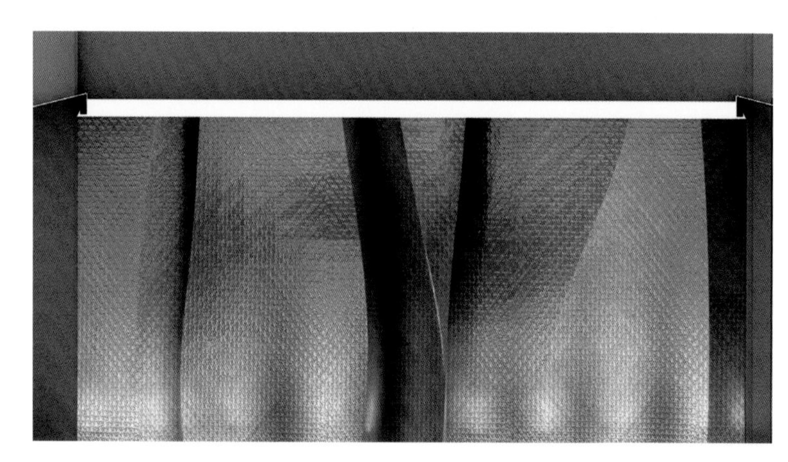

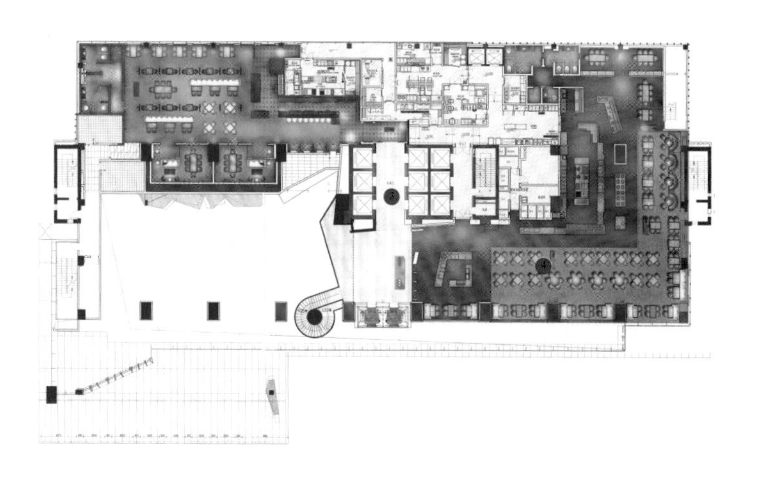

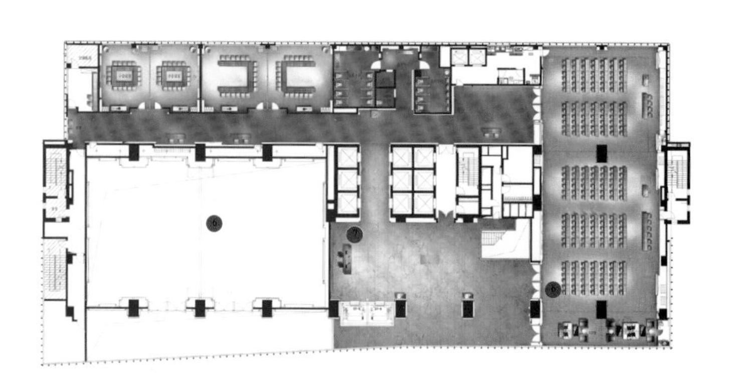

1. 大堂吧
2. 餐区
3. 办公区
4. 多功能区
5. 休闲区
6. 会议室
7. 公共洗手间

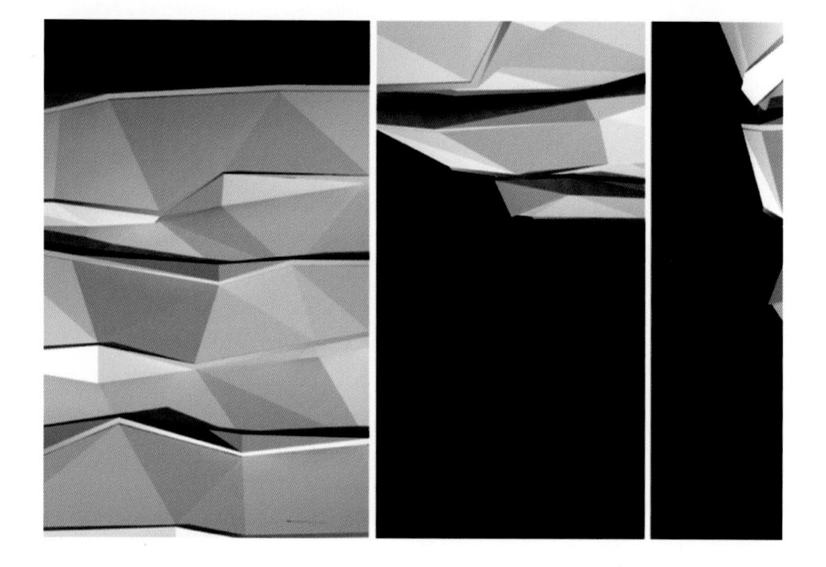

城市组在接到本案之初，感受到较大压力，业主在建筑方面的经验丰富而又具有开拓精神，要达到并且满足其对于设计的要求并不是易事。本案设计在建筑初期就体现出前瞻性，结合了建筑自身元素，设计出具有自身特色的室内设计作品并且在建筑、室内、景观等方面的创意也取得理想的效果，最终得到了业主高度赞同，并更好地满足了业主对于酒店管理的各种需求。

首层大堂设计概念:
庄子曰“天地有大美而不言”，大自然鬼斧神工，气象万千，如香格里拉，如世外桃源，是人间梦幻天堂。真正的天堂，其实就是生活在大美的自然之中。
在本案中，主要设计元素是自然景观及绿化，运用抽象的手法，将大自然收纳在室内外空间之中，透过设计寻找那闪烁星光与自然同行的微妙，让人在不经意间体会自然的大美。

大堂设计：
墙为山，灯为云，地为水。以山为形的主题墙彷如太阳之光洒遍山间，闪耀金辉。天花吊灯是伴于山间的柔柔白云，彷如流水般缓缓倾泻的花岗石纹地面与点点绿色植物相呼应。在这里，山岭裸露、阳刚，天空清澈、梦幻，浮云柔和、幽静，流水静谧、优雅。山脉、蓝天、浮云与流水构成了一幅大跨度、大视野的原始之美以及宽阔之美。

咖啡厅设计：
以下沉地台的处理方式，与户外景观设计景色紧密相连，浑然一体，营造出的开阔景观视野。室内景观水池的LED灯体的应用，在天花效果作用下，让人感觉犹如身在银河系，徜徉于自然之中，得失之心、凡尘俗事俱烟消云散，透过那银河中繁星点点，都化作浓浓淡淡的幸福感。

本案的设计，是从自然大美中以独特的收发抽取出各样自然元素，山、水、云、星浑然一体。黄色，白色，绿色等颜色的运用则营造出一种丰收、喜悦以及祥和的氛围。整个设计让人联想到陶渊明笔下那“采菊东篱下，悠然见南山”的悠闲和惬意，感觉心灵也在接受来自自然的洗礼，变得纯净、透明。为酒店设计出了具有特色的城市中森林般自然之感。

左1 以山为形的大堂主题墙彷如太阳之光洒遍山间，闪耀金辉
左2 极具动感的旋转楼梯
左3 细部图
右1 这幢全新的当代建筑地标外形相当瞩目，其闪耀玻璃外墙融合了传统中式婚礼礼盒的设计，并获赋予充满诗意的名字——“天作之合”
右2 夜色下的酒店大门与大堂吧“天河廊”景色

左1 “墙为山，灯为云，地为水”的酒店大堂设计
左2 公共区域电梯候梯处
左3 全力打造最地道的粤菜风味的随轩中餐厅
右1 位于酒店二层的“无贰”全日制餐厅
右2 位于酒店二层，装修精致又极具现代感的“意畔”西餐厅

左1 随轩中餐厅大门
左2 中餐厅的走廊与艺术摆设
左3 大宴会厅
右1 位于酒店六层的希尔顿eforea水疗接待区
右2 eforea水疗淋浴区
右3 SPA房间门口的标识

eforea

2

左1 希尔顿健身中心大门与接待处
左2 客房
左3 电梯口
右1、右2 客房

皇庭V酒店 V Hotel

设计单位:刘波设计顾问（香港）有限公司 / 面积:45000 m² / 坐落地点:深圳 / 工程造价:1500万美元

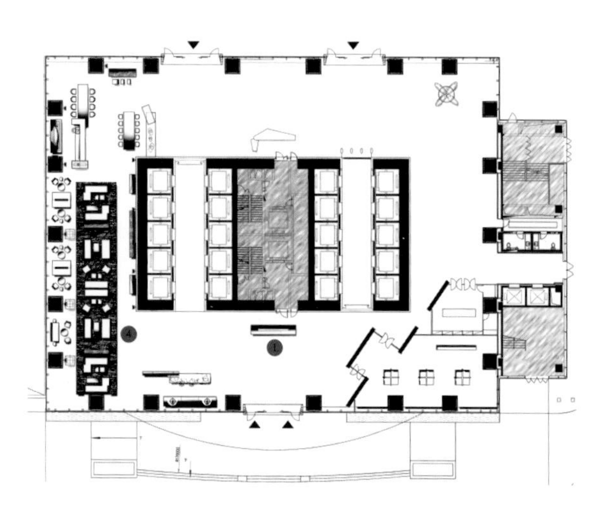

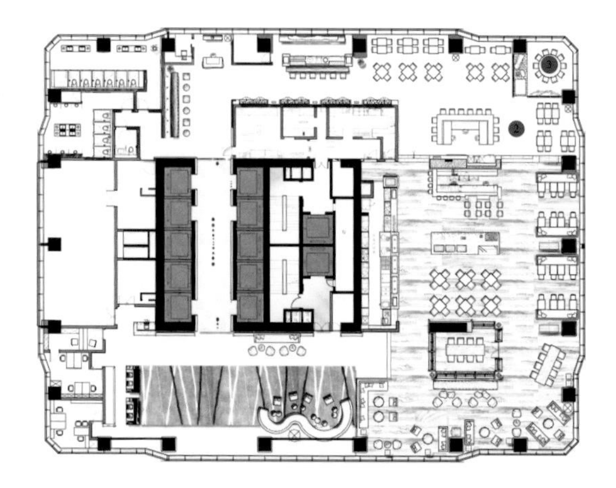

1. 大堂吧
2. 餐区
3. 包厢
4. 休闲区
5. 客房（总统套房）

皇庭V酒店系深圳皇庭集团所鼎力打造，坐落于深圳CBD核心区，定位于设计精品酒店。其设计在满足功能的要求下,力求以空间独特性，设计感与艺术性来感染宾客。

酒店的一层为迎宾区，室内的设计传达出“大地能量”主题，它营造出一种抽象的森林景致。深圳皇庭V酒店，就如同这个都市丛林中静谧的森林。

穿过挺拔的电梯厅和宏伟的酒店大堂，地面的青砂岩体系展示出空间的质朴与精致，同时金属墙面造型与当代艺术品的组合及柔性材质的穿插配合，一种低调的奢华油然而生。

日式餐厅、中餐厅与全日制餐厅的界限并不是生硬切割，而是通过合理的交通流线设计来满足功能的要求与空间的融合。选材上，酒店一改以往酒店金色、米黄色系的传统手法，而选用灰色、白色、木色为基调，意求低调的奢华，简约的华丽。色系效果素雅和谐，并将富有创造力的当代艺术品贯穿其中，营造空间风格的融汇与延续，从而使设计、精品两个概念贯彻始终。

28-37层客房层萃取大自然的典雅设计方案，空间形式感简练，满足功能的同时，优雅的呈现出大胆新颖的风格，与建筑设计理念完整地结合在一起。

通过酒店公共部分与客房功能的完美结合，一个设计精品——皇庭V酒店在熙熙攘攘的大都市中打造出一片灵感源于自然的静谧绿洲。

左1 建筑外立面
右1 一楼大堂吧

左1 大堂吧
左2 游泳池

右1 大堂吧一角
右2 中餐厅
右3 自助餐厅

左1 自助餐厅
右1 总统套房会客区
右2 总统套房卧室
右3 总统套房特写
右4 卫生间

重庆江北希尔顿逸林酒店 Double Tree by Hilton of Jiangbei, Chongqing

设计单位:苏州金螳螂建筑装饰股份有限公司第一设计院一所 / 设计：王禕华 / 参与设计：钱文宇、蒋斌洁、陈泳潮、黄浩 / 面积:26000 m² / 主要材料:工艺毯、艺术玻璃、绿可木、木饰面、马赛克、不锈钢、布艺 / 坐落地点:重庆江北区建新北路68号协信中心 / 工程造价:7800万元 / 完工时间:2011年9月 / 摄影:潘宇峰

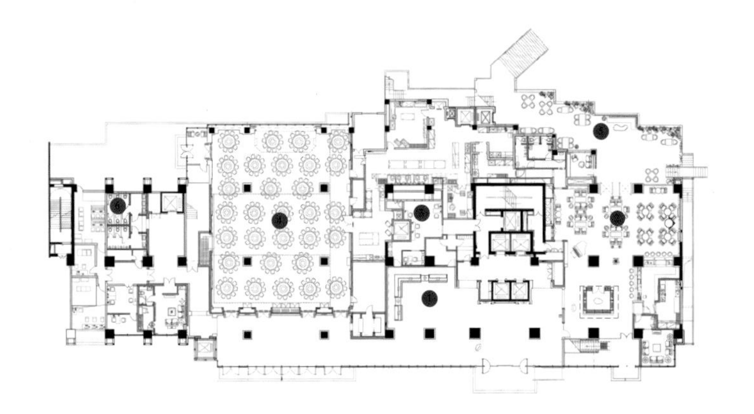

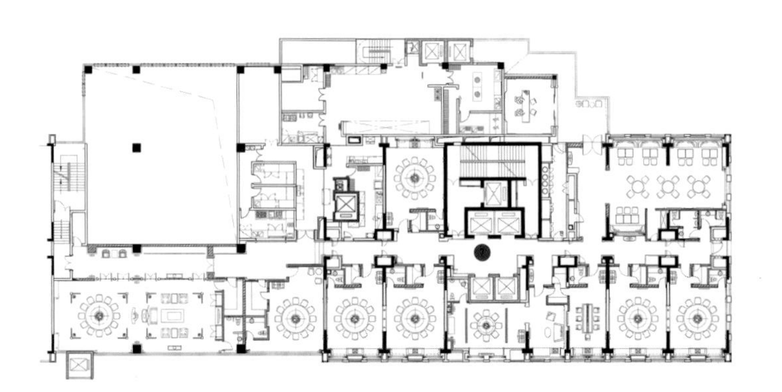

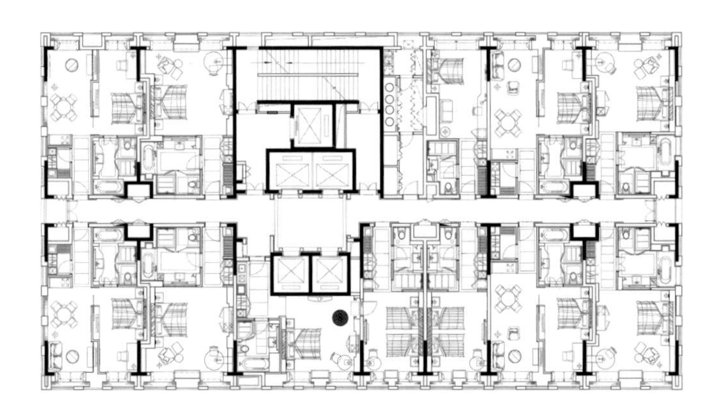

1. 大堂吧
2. 餐区
3. 办公区
4. 多功能区
5. 休闲区
6. 公共卫生间
7. 包间
8. 客房

项目位于重庆江北区最繁华的商业中心观音桥洋河一路68号协信中心B栋，属协信中心三座高层建筑之一，是希尔顿品牌在大中华区除了沿海城市以外在内地开设的第七家DoubleTree酒店。

希尔顿逸林室内设计面积约为22000m²，30层，拥有284间客房，同时设计有多功能厅、中餐厅、日本餐厅、健身中心、室内游泳池、水疗中心、酒廊及茶轩等功能。原建筑设计属酒店式公寓，经投资方多次论证后改变用途成高星级酒店，因此在空间序列、层高及结构形态上有着无法矫正的先天缺失。

酒店设计的大量工作主要在“弥补”建筑的先天问题之下展开，为此从开始就专门派遣了一支现场经验丰富的五人设计小组常驻现场，他们分块完成了所有环节复杂而艰巨的协调工作。所有的方案经推敲后基本一次完成变为施工图实施，投资方深知建筑及项目时间条件，先前对此酒店并无太高的奢望，直到样板房浮出水面，内饰临近竣工，并随着希尔顿集团的介入管理，方才皆大欢喜。

这也一再印证了我们长期不变的信念：酒店的设计很大程度上是对综合协调能力的水平考验，想要保持“从混凝土到鲜花”这一过程尽可能不走样，除了设计形式语言本身这一设计师能够把握的因素以外，更为重要的是取决于对建筑、机电、暖通、智能化、幕墙、厨房、家具、艺术品、灯光、造价控制、内装施工等环节及其丰富的经验和判断。项目筹建时间和造价越是紧张，对于酒店设计师上述的能力要求就越高。

现代混搭的视觉特征也弥补了该区域原先缺乏具有新时尚特征的国际品牌酒店这一事实，目前酒店已全面开业。

左1 外立面
右1 大堂

左1 屋顶花园
左2 大堂吧
左3 康体中心
右1 中餐厅
右2 豪华套房

锦江新乡酒店 Jinjiang (Xinxiang) Hotel

设计单位:HYID上海泓叶设计 / 设计：叶铮、陈佳玲 / 主要材料:有色玻璃、科技木、涂料、微晶石、线帘、陶瓷砖 / 坐落地点:河南新乡市 / 完工时间:2012年2月

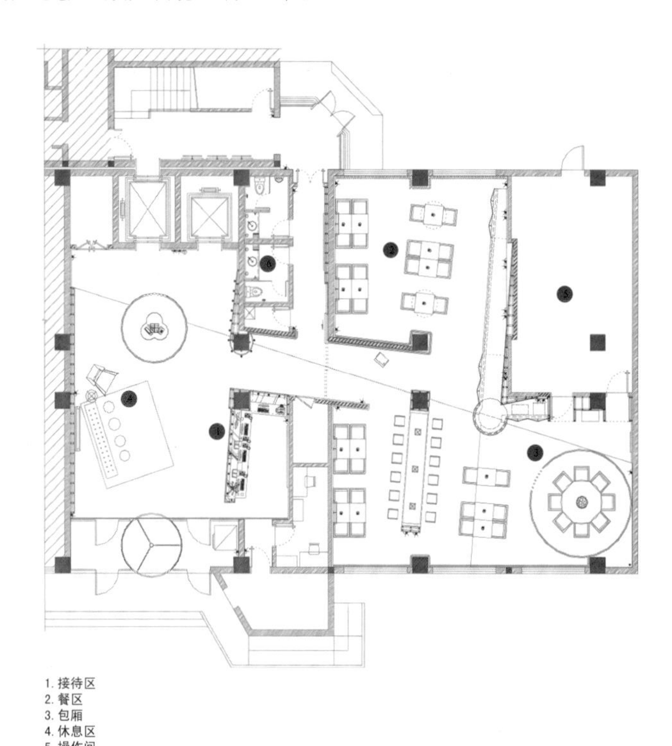

1. 接待区
2. 餐区
3. 包厢
4. 休息区
5. 操作间
6. 洗手间

新乡店，地处新乡火车站与贸易商品市场处，优越的地理位置，成为酒店改建的首选条件。设计采用深沉浪漫的紫红色彩，配合时尚的空间陈设设计，以及富于动感的平面布局，将纵横向的空间串联一体，并运用两条相交的倾斜线，使不同功能布置统一在同一空间的延展中，构成不同方向的层次关系。照明灯光亦更进一步体现出该场所的幽静气息，与外界喧闹的城市环境，形成高度的反差，属于典型的城市设计酒店。

左1 酒店大堂
右1 时尚的陈设与优雅的色调

左1 时尚的大堂休息区陈设
左2 自助餐区一角
左3 餐区高桌区
右1 餐桌一景
右2 有线帘围合成的餐厅包间
右3 餐厅一角

左1 餐厅一角
右1 餐厅一角
右2 空间连廊
右3 自助餐区

锦江惠州酒店 Jinjiang (Huizhou) Hotel

设计单位:HYID上海泓叶设计 / 设计:叶铮 / 参与设计:瞿葛琴 / 主要材料:科技木、大理石、清水泥、涂料 / 坐落地点:广东惠州市 / 完工时间:2012年1月

设计的概念始于一组清水泥质感的盒子，并由盒子建立起线性串联的空间，组合成不同倾斜方向的空间叠合，构成了富有节奏的空间视觉效果。深色的背景，清色的水泥界面，原木材质的联系空间，加上局部的照明配置，更体现出一种质朴的空间气息，幽深而有蝉意的设计意境。

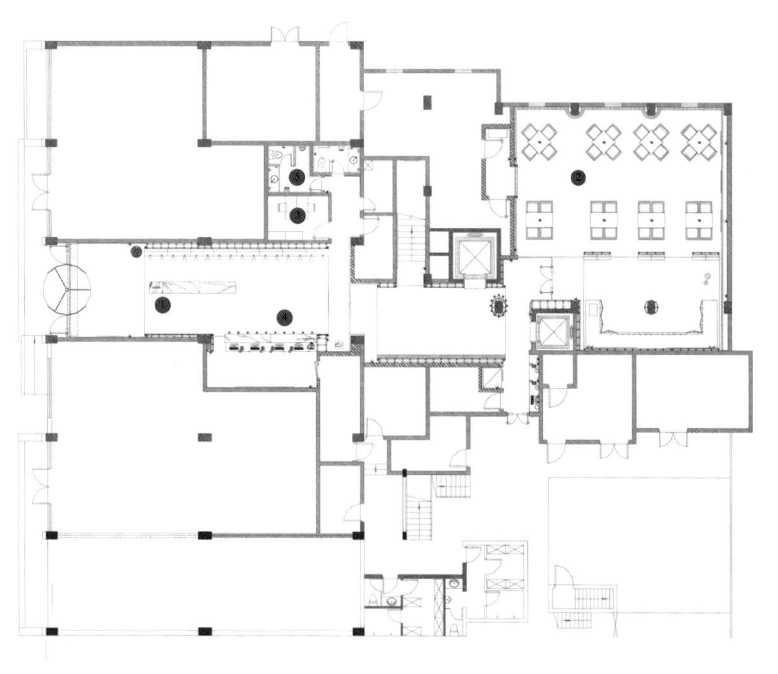

1. 接待区
2. 餐区
3. 包厢
4. 休息区
5. 洗手间

左1 大堂与电梯间盒中盒
右1 大堂入口区

左1 幽深的大堂
左2 餐厅
右1 清水泥界面与白色大理石休息座
右2 木材、清水泥、玻璃之间的材料对比

广州花都合景喜来登度假酒店 Sheraton Huadu Resort Hejing

设计单位:香港吕元祥建筑师事务所 / 坐落地点:广州市花都区山前大道东北侧 / 采编：郑玉滢

广州花都合景喜来登度假酒店位于大型山水别墅区天湖峰景内，环抱秀丽风景,园林设计优美丰富，令人感到置身于异国风情度假环境,设计兼并了高雅恬静及时尚室内空间，酒店整体以含蓄、宁静及高雅时尚气氛作设计主题，更大量运用天然物料，例如石材、木材、皮革以配合度假酒店功能。

酒店为散落式建筑群，建筑外部皆有大量天然绿化环抱，置身其中, 悠然憩静，远离尘嚣，与室外自然环境有比较强烈的对比。舍弃了一般度假酒店过于原始及粗糙的设计方向, 酒店以利落空间规划及简洁几何造型以增加酒店当代建筑风格，另一设计重点为融合室外天然景观及自然光，室内选材灯光以柔和舒适为主，颜色对比尽量减低以特显祥和低调风格。为提高酒店文化气息，空间点缀以精美带艺术品作视觉亮点。

公建位置主要设有大堂楼、宴会楼、湖宾餐厅、行政酒廊等区域，每区也有不同特色。大堂楼运用了简洁天然物料温暖色调营造和谐感觉,而最瞩目的元素是建筑感强烈的四只不规则木柱配以斜顶天花，营造出一个简单美妙的空间平衡感，同时利用灯光及艺术品突显该气氛。宴会楼设计概念以简洁水晶灯点缀出当中高贵及豪华现代感，以皮革及深色木地板作主调。湖宾餐厅以舒适随意感觉为主以暖灰色及特色自然图案作点缀。客房倚山岭而建，坐拥无尽翠绿景致，令人感到优雅大气。设计配合把日光和迷人园林景致收进房内，再以采用舒适高格调物料为主干，浅木色调配衬，更设有私人偏厅及厨房，整体感觉更亲切游闲舒心，令每位住客能放松心情, 享受完美假日。

左1 全日制自助餐厅厨房区
左2 大堂楼运用了简洁天然物料温暖色调营造和谐感觉, 而最瞩目的元素是建筑感强烈的四只不规则木柱配以斜顶天花，营造出一个简单美妙的空间平衡感
右1 采悦轩中餐厅入口走廊的空间设计材质极具质感

左1 盛宴餐厅的入口与雅座区
左2 盛宴餐厅的主要座位区
右1 独具匠心，设计成“图书馆”的酒店大堂吧，给人书卷气息与矜贵的感觉

左1 盛宴餐厅的屏风空间区域可用隔开
左2 采悦轩中餐厅里面雍容华贵的包房
左3 花都别墅的卧室
右1 标准客房，浴室与睡房的界限灵活处理
右2 花都别墅的浴室

广州圣丰索菲特大酒店 Sofitel Guangzhou Sunrich

设计单位:香港郑中设计事务所有限公司 / 坐落地点:广州市广州大道中988号 /采编:郑玉莹

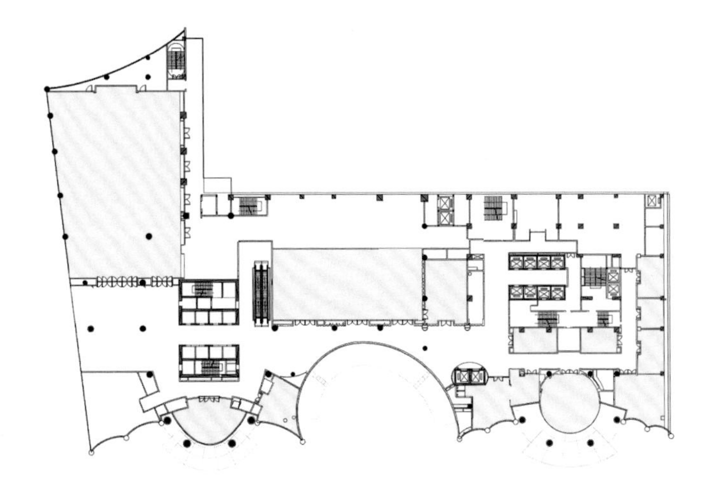

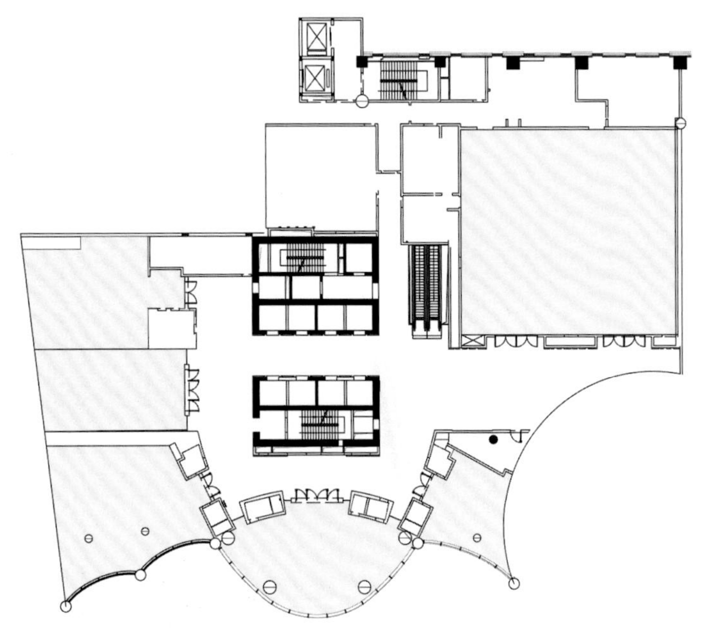

左1 宽敞华丽的酒店大堂
左2 耀眼的酒店建筑
右1 可俯瞰城中精致的行政酒廊

拥有独特的法国艺术气息与风情，位于香港与澳门之间，广州顶级奢华的酒店，广州圣丰索菲特将给广州带来独一无二的法国传统文化、艺术品位及享受。

酒店坐落在天河区心脏地带，是广州市内最繁华的金融及商业区。酒店距离城市标志中信广场不到1km，距离广州火车东站5分钟车程，交通枢纽连接广州、东莞、深圳及香港。

设施包括493 间独特法国装修风格的客房与套房，俯瞰天河都市繁华；5间创新的餐厅与酒吧；17间艺术品位的会议厅（包括一间大型宴会厅）；丰富的娱乐休闲设施，包括SoSpa水疗中心、24小时SoFit 健身康体中心及室内全景游泳池。

不仅仅是一家酒店，广州圣丰索菲特将成为城中文化活动的新地标，缤纷呈现各派艺术精华。

左1 酒店大堂吧，宽敞通透的落地玻璃，让客人可以欣赏户外的景致
左2 全日制餐厅位于酒店二楼，呈献精美中西式新概念美食，设有法式明炉和烤炉的五个开放式厨房可以欣赏现场厨艺演示
右1 六福岛餐厅位于酒店六楼，糅合最潮流的日式料理、居酒屋、炉端烧和牛排烧烤、现场寿司、扒类制作以及精心挑选的最上乘世界酒品，给您带来愉快的用餐新体验
右2 酒店会议室
右3 充满文化气息的酒店房间，宽敞明亮的落地玻璃可观赏城市美景

澳门悦榕庄 Banyan Tree Macau

建筑师: 关善明建筑师事务所 / 室内设计: SRG公司（Chhada Siembieda dwp SRG Ltd.）/ 设计部门：悦榕集团（Architrave Design and Planning）/ 坐落地点: 中国澳门路氹城莲花海滨大马路,澳门银河综合度假城 / 发展商： 银河娱乐集团 / 完工时间: 2011年5月 / 采编:郑玉莹

度假村坐落于充满活力的路氹城。独特豪华的澳门悦榕庄共设227 间套房，包括极度尊贵的总统套房；另外还设有29 幢别墅，其中10 幢为泳池别墅，附设私人花园及私人游泳池。澳门悦榕庄为澳门首个高层式城市度假村，其偌大的套房一律附设私人悦心池，亦为澳门唯一一间拥有标准度假别墅的豪华酒店。

闻名于世的悦榕庄将其“心静轩”哲学带到澳门银河综合度假城。悦榕庄取名于榕树，因其素以坚毅及优雅著称。澳门悦榕庄地处繁华的澳门城区，受中国建筑风格的启发，澳门悦榕庄将古代传统与最现代化的家具相搭配。挑高的天花板、华丽的家具、豪华的设计加上以吉祥的赤红为主的色调，每一间豪华套房和别墅都是东方建筑和设计的典范。淋漓尽致地展现出当地风土民情。

澳门悦榕庄是澳门首个独特的度假设施，以感官休憩胜地著称，置身于宁静和谐的气氛中，欣赏澳门一望无际的天际美景。

Spa套间内设有21间瑰丽的护疗室，将谱写亚洲式感官呵护新标准，让旅客享受写意放松、焕发心神的水疗体验。水疗中心的设计采用当代亚洲主题，拥有满布竹叶图案的接待处、宁静的水泉庭院以及设玻璃天窗的竹子庭院，让宾客暂时远离五光十色的夜生活和娱乐景象，投入静谧恬静的国度。

左1 泳池别墅诠释了悦榕庄浪漫、亲密且神清气爽的体验。450m²的豪华别墅提供私人泳池
左2 酒店露天泳池
右1 酒店会议室外宽敞的走廊

左1 酒店首层的大堂接待区
左2 尚坊，悦榕经典泰式餐厅，充满现代感但精致典雅的用餐环境
右1 酒店现代中式品位的会议室

左1 澳门悦榕桩Spa的设计采用当代亚洲主题，拥有满布竹叶图案的接待处、宁静的水泉庭院以及设玻璃天窗的竹子庭院，让宾客暂时远离五光十色的夜生活和娱乐景象，投入静谧恬静的国度
左2 酒店多功能宴会厅
右1 160㎡的天际别墅，宾客可与家人或知己好友分享此宽敞的私密环境。别墅内设有悦心池、客厅及厨房，是悠长假期或短途旅行的完美之选
右2 高级澳门套房，面积达130㎡，设有起居室及餐厅，宾客可于宽敞的私密环境下享用丰富小吃和晚餐

广交会威斯汀酒店 The Westin Pazhou,Guangzhou

设计单位:广州东越设计有限公司，香港郑中设计事务所 / 面积:约8000 m² / 坐落地点：广州国际会议展览中心 / 采编:郑玉莹 /撰文、主创设计师：陆守国

举办过有100多届进出口贸易的中国对外贸易中心（集团）坐落在美丽的珠江边上，这组建筑如同浪潮滚滚，去了又来，就像永不落幕的进出口贸易，广交会威斯汀酒店就坐落在这片展区之中，南向广州万亩果园，远眺广州大学城；北向美丽的珠江，远眺珠江新城、白云山。她如同江边的一艘满载出口货品的船只，正准备扬帆起航，展开她的海上丝绸之路。

广交会威斯汀酒店也正是在海上丝绸之路这个远古的历史故事展开的。新的广东省进出口贸易会承载着中国制造向世界输送的重要使命，也展现了新的海上丝绸之路的篇章。

酒店楼高42层，酒店面积超过28000m²，客房数325间，知味全日餐厅、中国元素中餐厅、舞日式餐厅，及天梦SPA、室内恒温泳池以及可容纳500人的宴会厅，新海上丝绸之路的元素在酒店大堂得以贯彻。进入大堂，映入眼帘的是一组庞大的和平鸽水晶吊灯，寓意着和平，带领着全世界的人们到这条新丝绸之路畅游自由贸易。大堂简约的现代风格映衬着这群代表自由、和平的鸽子，在亮灯时给予宾客一种欢迎的热情。知味全日餐厅是那远古的船木屏风以及那一面如同古时丝绸店里陈设的精美丝绸陈设墙，吸引着这里的客人。绿色的点缀给人清新的花城之感，在这样具有人文气息及地方特色的全日餐厅里用餐，自然味觉和视觉都得到最好的享受。中国元素中餐厅（ZENSES）是在广东的茶楼中吸取了精华，精美的中式手绘墙布和中式风格隔断还有那手工陶制作的餐厅招牌处处体现广式茶楼特色。宴会厅及多功能会议室则是在云山珠水之中汲取元素得以体现。

酒店客房在设计中融入珠江三角区水乡的特点，走廊地毯以大量的浮莲荷叶作为元素，给客人如同置身水乡池边。进入客房，那自然木纹的酸枝木饰面的室内布以精美的小船作为床屏上的装饰，水墨的桃花纹样地毯与之相呼应，浓浓的南方水乡之美让人惊喜不已。42层的日式餐厅一个“舞”字把宾客的情绪带动起来，在这里俯瞰全城。7m高的天花，错落有致的日本特有的桧木格子在空间交错飞舞，自然地把公共区域和私密区域隔离。在这里领略的是另类的日式格调，这里透过层层木格如同在树林之中，自然的黑色石材透着枯山水的气质。

这里的一切都因为身处广州，这里是新海上丝绸之路的起点，让我们扬起帆，向世界进发。

左1 广交会威斯汀酒店外景，建筑如同浪潮滚滚，去了又来，就像永不落幕的进出口贸易
左2 酒店大门外观
右1 酒店大堂设计风格现代简约，进入大堂，映入眼帘的是一组庞大的和平鸽水晶吊灯，寓意着和平，带领着全世界的人们到这条新丝绸之路畅游自由贸易

左1 位于酒店最高层的“峰景轩”
左2 宴会厅走廊
左3 酒店大堂吧
右1 位于酒店42层的“舞”日本料理餐厅，可欣赏到迷人的广州市美景。7米高的天花，错落有致的日本特有的桧木格子在空间交错飞舞，自然地把公共区域和私密区域隔离
右2 知味全日餐厅那远古的船木屏风，以及那一面如同古时丝绸店里陈设的精美丝绸陈设墙，吸引着这里的客人

左1 天梦水疗中心的接待处标志
左2 天梦水疗中心的护理室
左3 行政酒廊
左4 广交会宴会厅
右1 威斯汀行政贵宾厅
右2 威斯汀精选特大床房

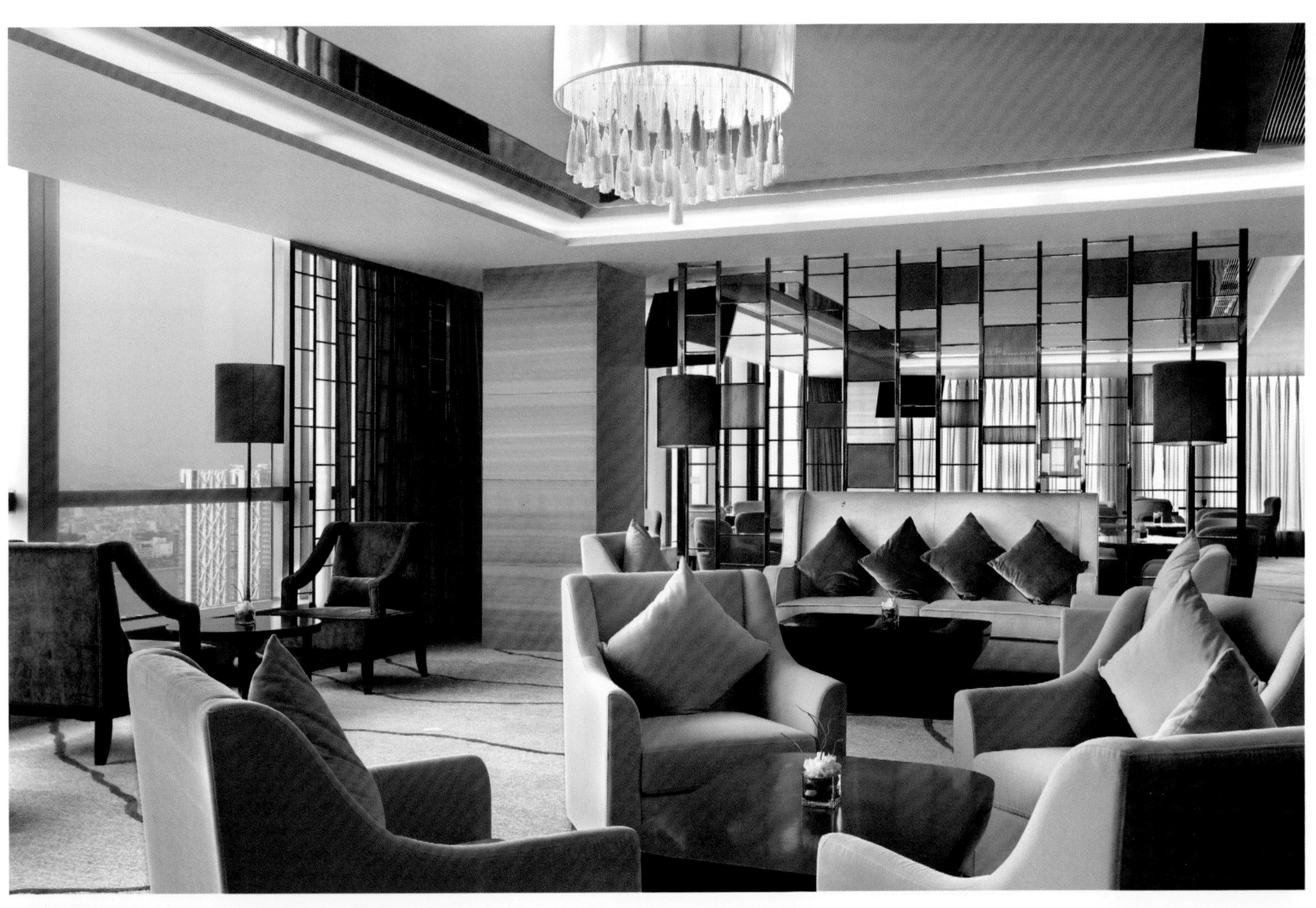

世博洲际酒店 Shanghai Intercontinental Hotels and Resorts

设计单位:HKG GROUP / 设计:Cal、陆嵘、鱼晓亮、郑楠 / 参与设计:苏嘉琳、王利民、王利辰、沈寒峰、景渊 / 面积:45000 m² / 主要材料:焰火木、琉璃砖、特殊涂料 / 坐落地点:上海市浦东雪野路 / 工程造价:约2亿元

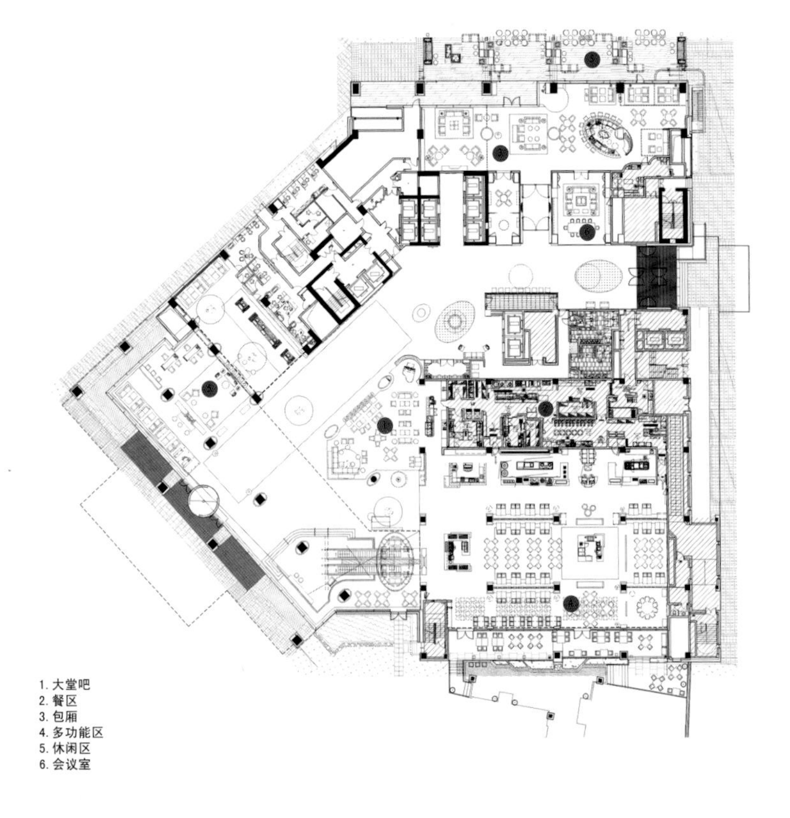

1. 大堂吧
2. 餐区
3. 包厢
4. 多功能区
5. 休闲区
6. 会议室

上海世博洲际酒店紧邻浦东世博园区，置身其中，可以欣赏到无与伦比的城市天际线以及流光溢彩的浦江美景。酒店约45000 m²，近400间客房，整体设计现代经典而时尚。设计师巧妙地将上海的城市精神——融汇的文化用隐喻的手法渗入整体的空间及众多的细节之中，将东西方文化的交流与对话在因世博的盛大召开而落成的高尚酒店中展开。

大堂入口处的一块色彩绚丽的地毯映射着浦江两岸世博园内的地形，抽象的地图给发现秘密的客人带来惊喜。

大堂吧的一侧一片透明琉璃墙雕塑感十足，交错的形态隐喻着沟通和交流。

全日餐厅的富有创意的带方圆图案的玻璃隔断将开敞的用餐区隔为不同的半私密就餐空间，精心挑选的餐椅也反映着方圆的理念，简洁的几何图形透出哲理。

意大利餐厅的特色品尝台呈现出意大利的地图形态，展示着意大利不同区域出产的材料，让每一个来台前品尝美食的客人都印象深刻。

意大利餐厅具有家庭气氛，用餐区的烛台吊灯创造出温暖的感受。

SPA空间安静放松，休息中庭提供了客人休憩的静谧空间。一湾浅水，雾气围绕的水缸都会让人浮想联翩。

奶酪房里的高脚凳和原木的方台提供别样的奶酪品尝环境。

Vistar酒吧位于一层，同户外连成一个可内外交融的酒吧。大大小小的透明气泡灯浮在吧台上方，如梦幻迷惑着夜色中泡吧的人们。

中餐厅是以酒坛为主题，特别烧制的“世博醇”酒坛组合成有序列感的墙面和灯饰让客人们一进入餐厅就有美美的醉意。

英式酒吧位于酒店花园一侧的几幢老房子里。董寅初老先生的原来的酒精工厂也被用来贯为这个英式酒吧的名称。酒吧中的椅子背上的英国名人都参与了酒吧的装点。

酒店的客房设计非常简洁，因为窗外的世博园和浦江是最美的艺术品，房间内任何多余的装饰都会破坏对美景的欣赏。

左1 大堂吧一侧
左2 映射浦江两岸世博园地形的地毯
右1 大堂

左1 小景
左2 中餐厅
右1 英式酒吧
右2 意大利餐厅品尝台
右3 休闲区
右4 意大利餐厅

左1 商业中心
右1 SPA
右2 泳区
右3 客房卫生间
右4 客房

宁波泛太平洋大酒店 Ningbo pan Pacific hotel

设计：姜湘岳 / 参与设计：徐云春、王鹏、赵相谊 / 面积:85000 m² / 主要材料：白玫瑰石材、奥特曼石材、黑玉石材、白砂米黄石材、橡木染灰木饰面、高光黑檀木饰面、桃花心树杈木饰面、夹丝镜、夹丝玻璃 / 坐落地点：宁波 / 完工时间：2012年8月 / 摄影：潘宇峰

该项目由宁波市政府出资、新加坡泛太平洋管理集团管理，属于典型的城市商务酒店，面积较大，功能较全。设计上除考虑中西文化的结合之外，还兼顾了泛太平洋酒店惯有的气质及宁波当地独特的文化底蕴等多种情感要素。每一个分部空间都因其特殊的性质被赋予了不同的文化精髓，如浪漫神秘的意大利餐厅、通透开敞的自助餐厅、文人山水的中式餐厅等等。东西方文化及众多情感要素在空间中的融合均采用优雅主义的方式进行展现。

1. 大堂吧
2. 餐区
3. 办公区
4. 多功能区
5. 休闲区
6. 会议室
7. 公共洗手间

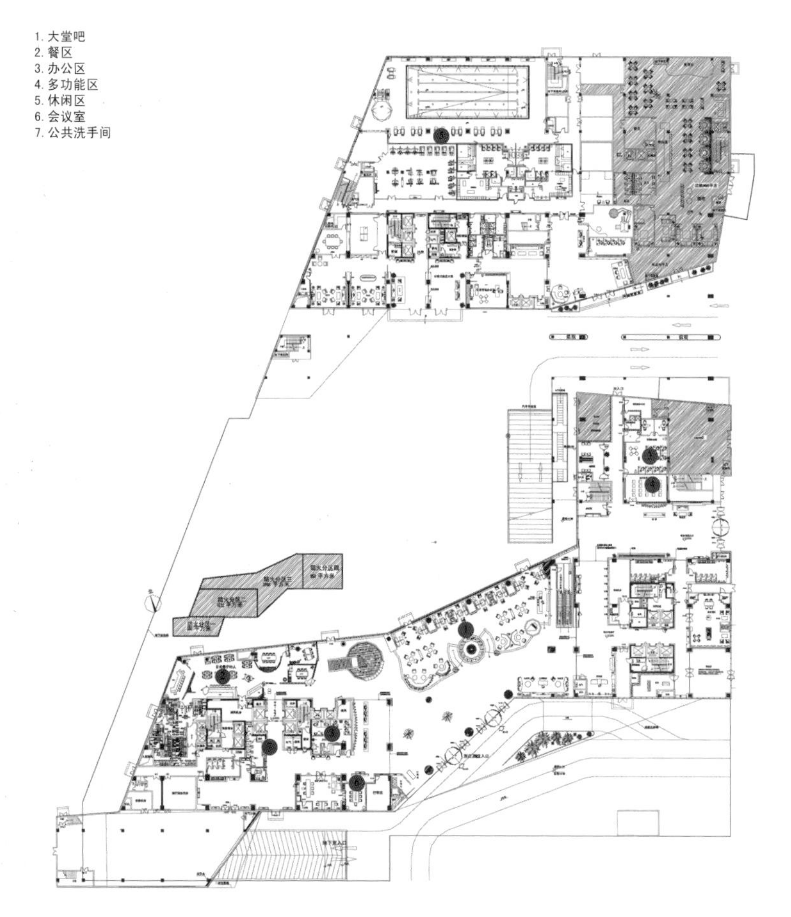

左1 现代化的酒店外立面
左2 俯瞰酒店大堂
右1 电梯等候区采用稳重的灰褐色调

左1 接待台后排列整齐似波浪起伏的隔断
左2 中式餐厅
右1 中西式的设计元素在此交汇
右2 大幅古典山水的屏风瑰丽壮观
右3 现代风格的洗手间融入了一抹中式古典的意味

成都岷山饭店 Chengdu Minshan Hotel

设计单位:YAC（国际）杨邦胜酒店设计顾问公司 / 设计:杨邦胜 / 参与设计：赖广邵、Elena Torosyan、陈伯华、苏海江 /面积:25000 m^2 / 主要材料:米黄石、金属、琉璃、玻璃、仿古砖 / 坐落地点:成都 / 摄影:贾方、马晓春

位于成都市人民南路的岷山饭店创新改造工程，无疑刷新了这座城市中心区的地标。读懂一处酒店，即意会一座城市。岷山饭店的改造方案在力求将巴蜀文化相融，契合地域特性的同时，注入最新的国际化创想；古韵悠悠、山水丝竹悦耳之际，亦释放了时尚现代之感。

大堂内岷山之景与九曲水景共谱成巴蜀水墨画卷，隽永而高雅。“市花”芙蓉的花瓣从空中悬落，水晶茶壶于立柱上熠熠生辉，横亘二十载的鲍鱼贝壳所制屏风，无一不是视觉盛宴。而此无二独一的景里，更有无二独一的器具为之匹配：大师团队亲设定制的灯具、艺术品及家具，为酒店嵌入“不可复制”的标签。雅致的中国山水，流光溢彩的时尚造诣，在岷山饭店得到至佳的中西融合，高贵间幽香绵长。餐厅设计引入花园餐厅之理念，使室内环境与外部花园有机结合，形成通透的共享世界，在自然芳泽间用餐，视觉飨宴就在俯仰之间，勿需细窥。商务会议室简洁而理性的格调与功能需求全然相契，布局灵活多变，可满足各种商务需求，物件的选择简约大气，修饰有度而又不失雍容。

人是空间的主语，而舒适度便是酒店设计的核心考量。每件家具的尺寸和比例，每个装饰品的摆放位置，都是设计师们精细测算、悉心考量的结果，从而带来从身至心的舒适。

西南巴蜀，唯成都最为雅逸，岷山饭店屹然而立，为青山之间再添从容。城市商务酒店设计精品型的定位，尽显岷山饭店昔日的辉煌与荣耀。

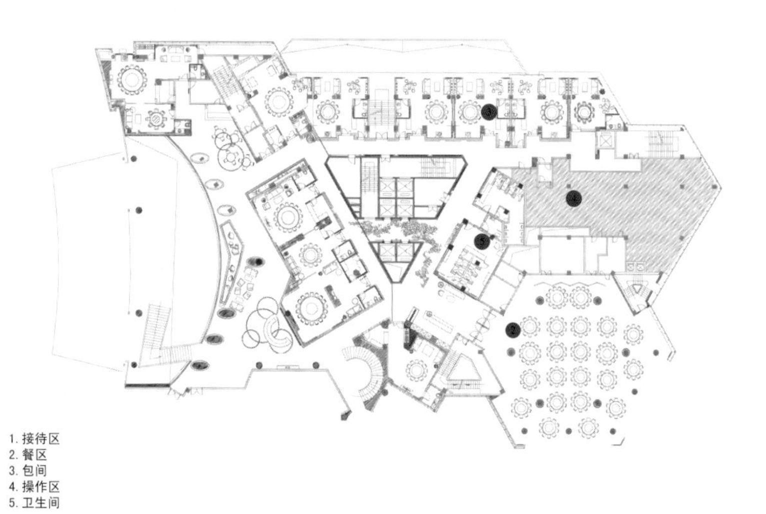

1. 接待区
2. 餐区
3. 包间
4. 操作区
5. 卫生间

左1 大堂
左2 公共电梯区域
右1 大堂吧

左1 大堂吧
左2 酒吧一角
左3 局部图
右1 通透的视觉
右2 中餐厅走廊

左1 中餐包房
左2 电梯厅
右1 宴会厅
右2 贵宾休息厅

菲律宾新港表演艺术剧院 NEWPORT PERFORMING ARTS CENTRE

设计单位：洪约瑟设计事务所 / 设计:洪约瑟 / 参与设计：李启进、Raymundo Sison、Rica Marquez / 面积:3150 m² / 坐落地点:NEWPORT CITY, MANILA, PHILIPPINES / 摄影:洪约瑟

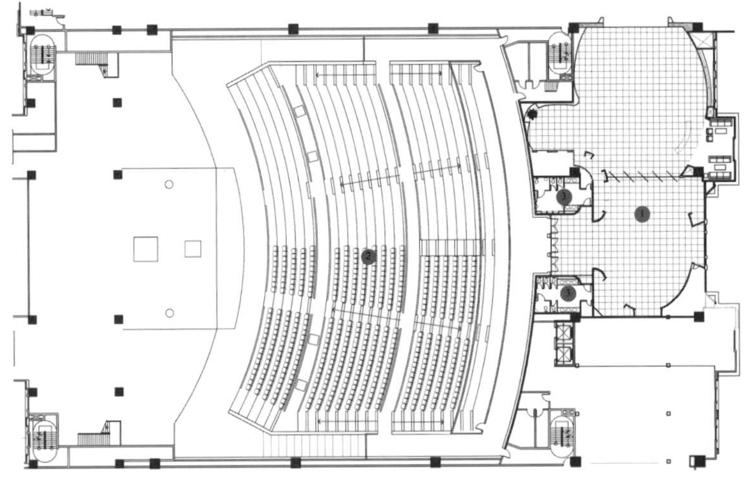

1. 大厅
2. 多功能厅
3. 公共卫生间

新港表演艺术剧院位于菲律宾纽波特市，是著名的马尼拉云顶世界的一部分。容纳1500个座位的宽敞空间，可举行各类文艺演出，流行音乐会、选美大赛等。

新的曲线环绕了原有的直角空间，梨形装饰的奇异水晶灯具周围环绕着变色LED灯。走廊上长长的光带隐藏在木质墙壁的顶部和底部，起到引导客人方向的作用。舞台两侧的墙壁采用不规则的梯形模式，嵌入在凹槽中的LED灯分布在不同的高度，渲染出变幻多彩的神秘灯光，有趣的视觉效果令人难忘。而所有的设计都指向舞台的中央，引入视觉最终的焦点。

剧院的整体设计风格时尚而简约，采用了先进的声光技术，大量使用可变色LED灯，绚丽多变的灯光，为不同的演艺需要营造了丰富的色彩光环境。

左1 火红的光带隐藏在木质墙壁的顶部和底部，引导着客人的方向
右1 可变色LED灯与绚丽多变的灯光，为不同的演艺需要营造了丰富的色彩光环境

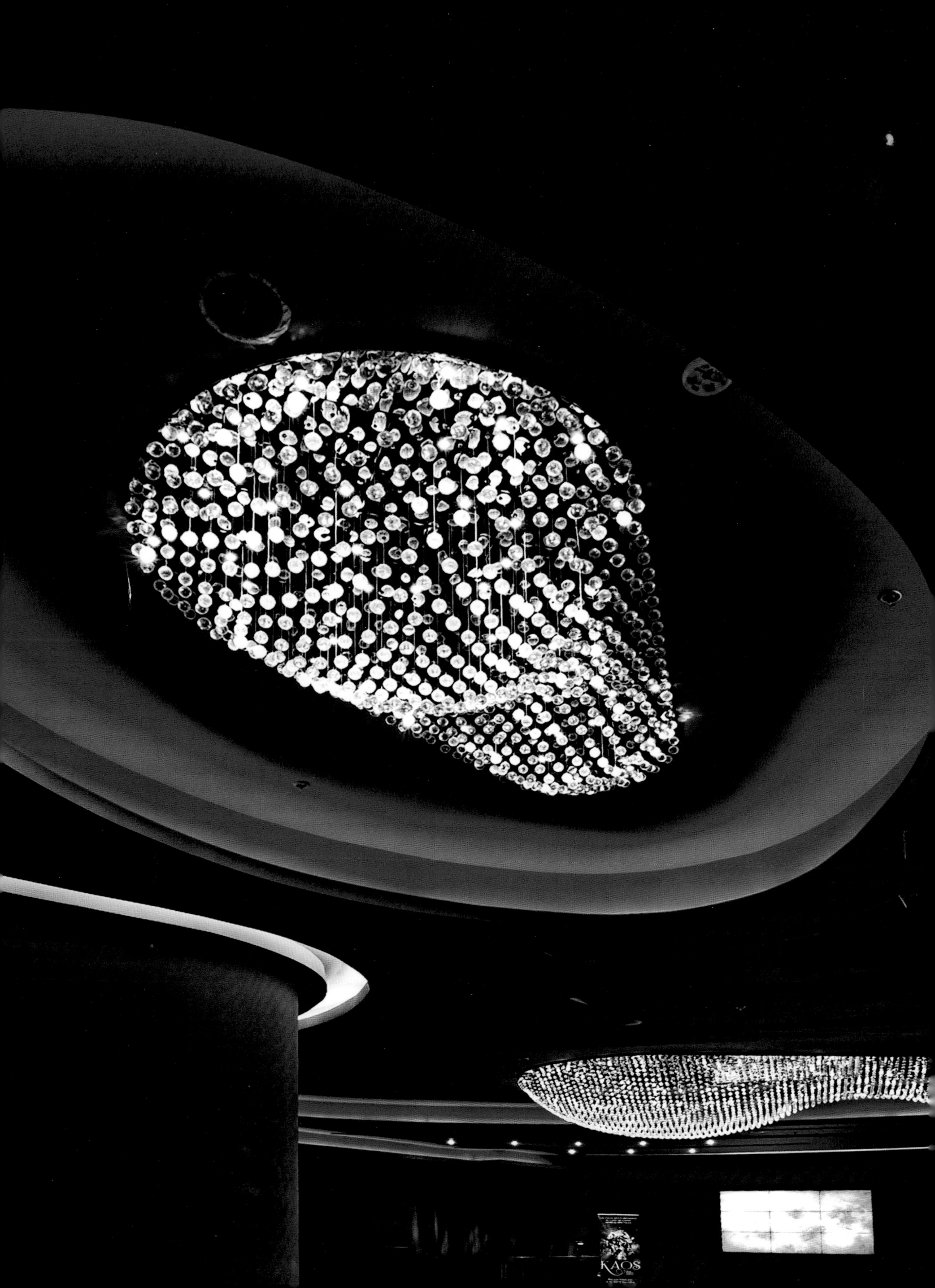
KAOS

左1、左2、右1、右2 从不同角度拍摄的剧院

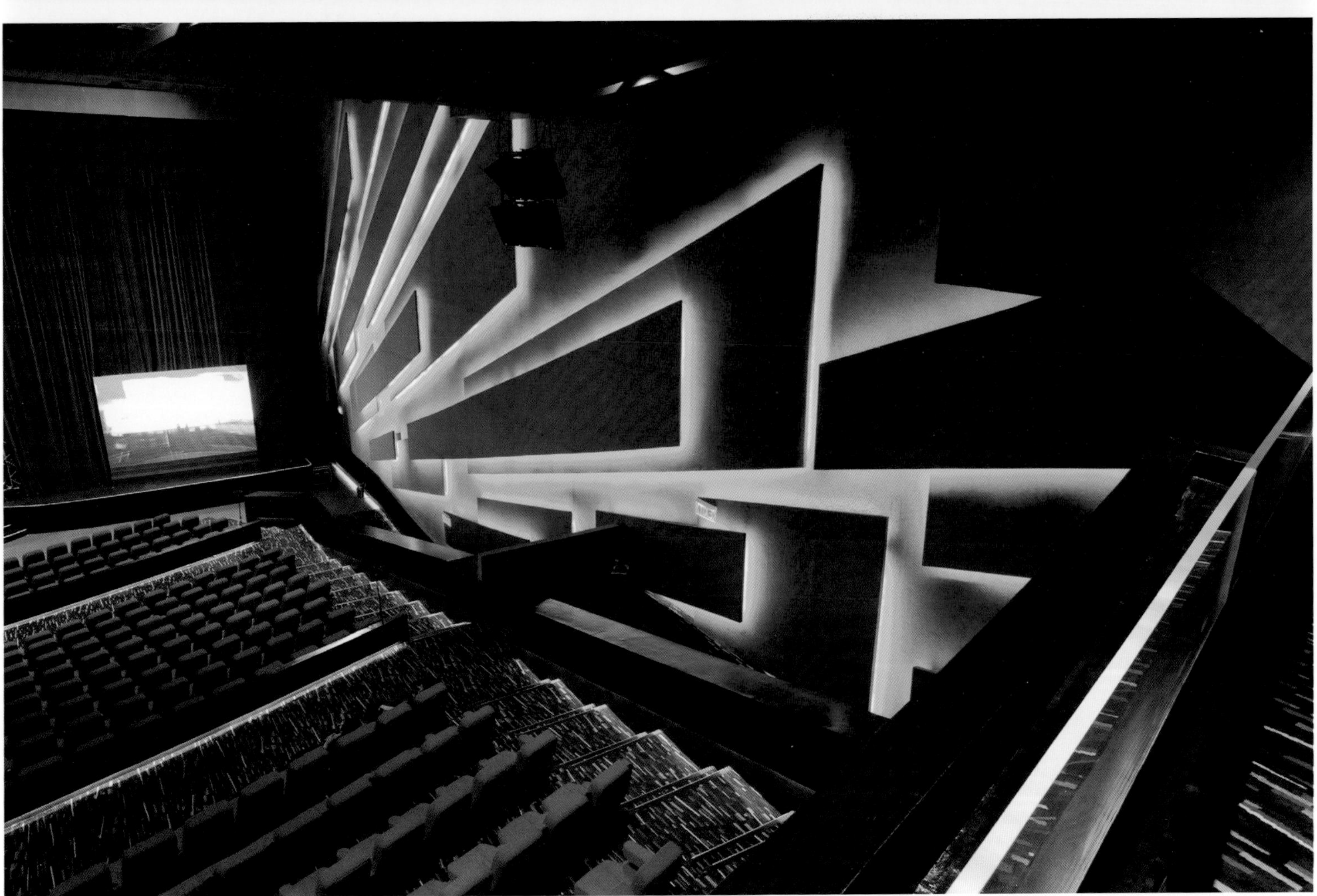

上海迷宫 LABYRINTH in Shanghai

设计单位: sako建筑设计工社 / 设计:迫庆一郎 / 参与设计:KAKUDATE昌荣、Jyunichiro野泽/昌荣 Kakudate照明建筑师事务所 / 面积:590 m² / 坐落地点:上海 / 工程造价: 46.6 万美元 / 完工时间:2011年4月 / 摄影:巧儿藤井/Nacása与合作伙伴公司

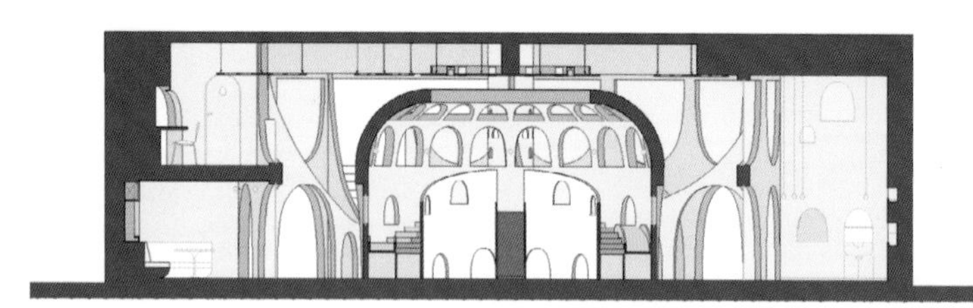

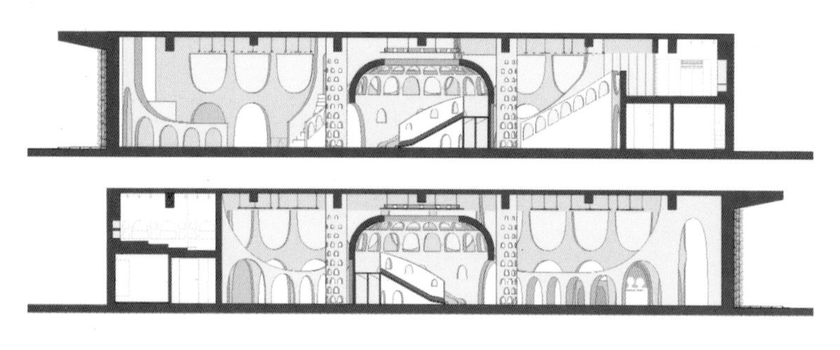

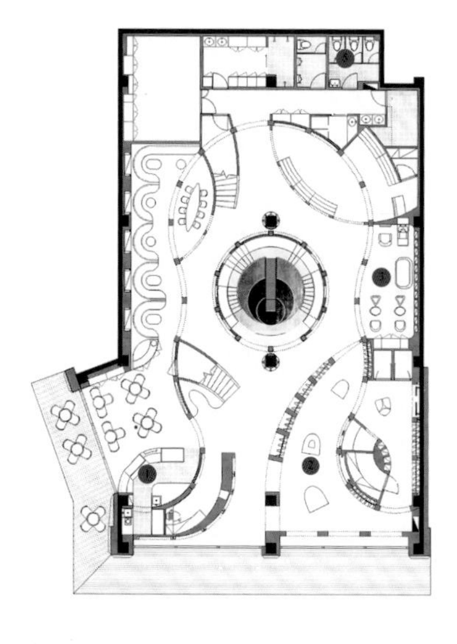

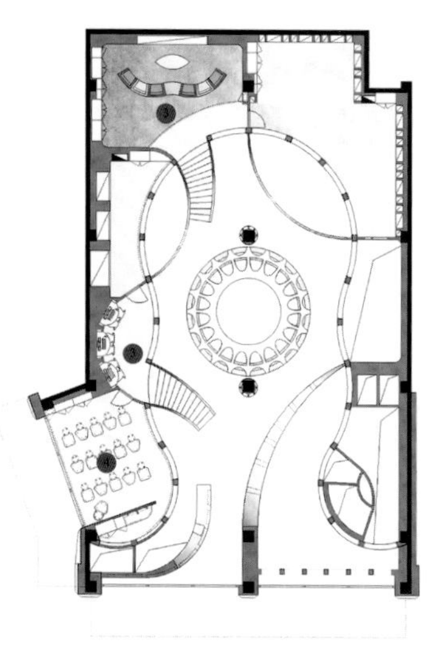

1. 接待区
2. 展示区
3. 休闲区
4. 教学区
5. 公共卫生间

据说6岁儿童的视角范围，在水平与垂直方向都只有成人的6成左右。如果相乘，面积比就是4成以下了。如果再考虑到由于低视点造成的障碍，这个比率就更低了。因此以孩子的视角来认识空间，与成人的感官完全不同。孩子用与成人完全不同的眼光来认识这个世界。

本项目，是儿童服装品牌“marco & mari”为开拓中国市场在上海开设的儿童会所。在这个“儿童会所”中包含了服装店、美容室、舞蹈室、影视室、咖啡厅、游戏室、图书室、儿童教室等10余种功能。

由于此前在北京分店运用的“圆拱”主题，成功地诠释了此儿童服装品牌的特性，因此我们把它进一步发展成为一个迷宫。利用中央4.6 m的层高，做成了一个巨大的圆顶，在其周围穿插弯曲的墙面从而分割出不同功能区。通过不断变换运用4种不同曲度的墙面，在起到支撑2层地板的承重作用同时，满足了10余个不同功能对于体量、形式、开放性和闭锁性的不同要求，创造出不同的空间感。同时，每个曲面在垂直方向也利用高低变化，分割出服装展示、楼梯、接待处等空间要素。

“圆拱”这一设计理念被运用在服装店的家具、圆形天花板装饰以及贯穿于曲面墙壁上的展示架等各个空间。

被大小各异的无数圆拱包围的空间，时大时小，时宽时窄，高低错落，曲径通幽，每一处都有不同的观感。对于孩子们来说，这10余种不同的功能，似是隔断的却又实际上连为一体。在享受它们的同时，孩子们就好像走进迷宫的爱丽丝，在这个非同寻常的迷幻世界里充分享受空间带给他们的丰富体验。

左1 圆拱形设计的外立面
右1 各种拱形的设计成功诠释了迷宫的主题

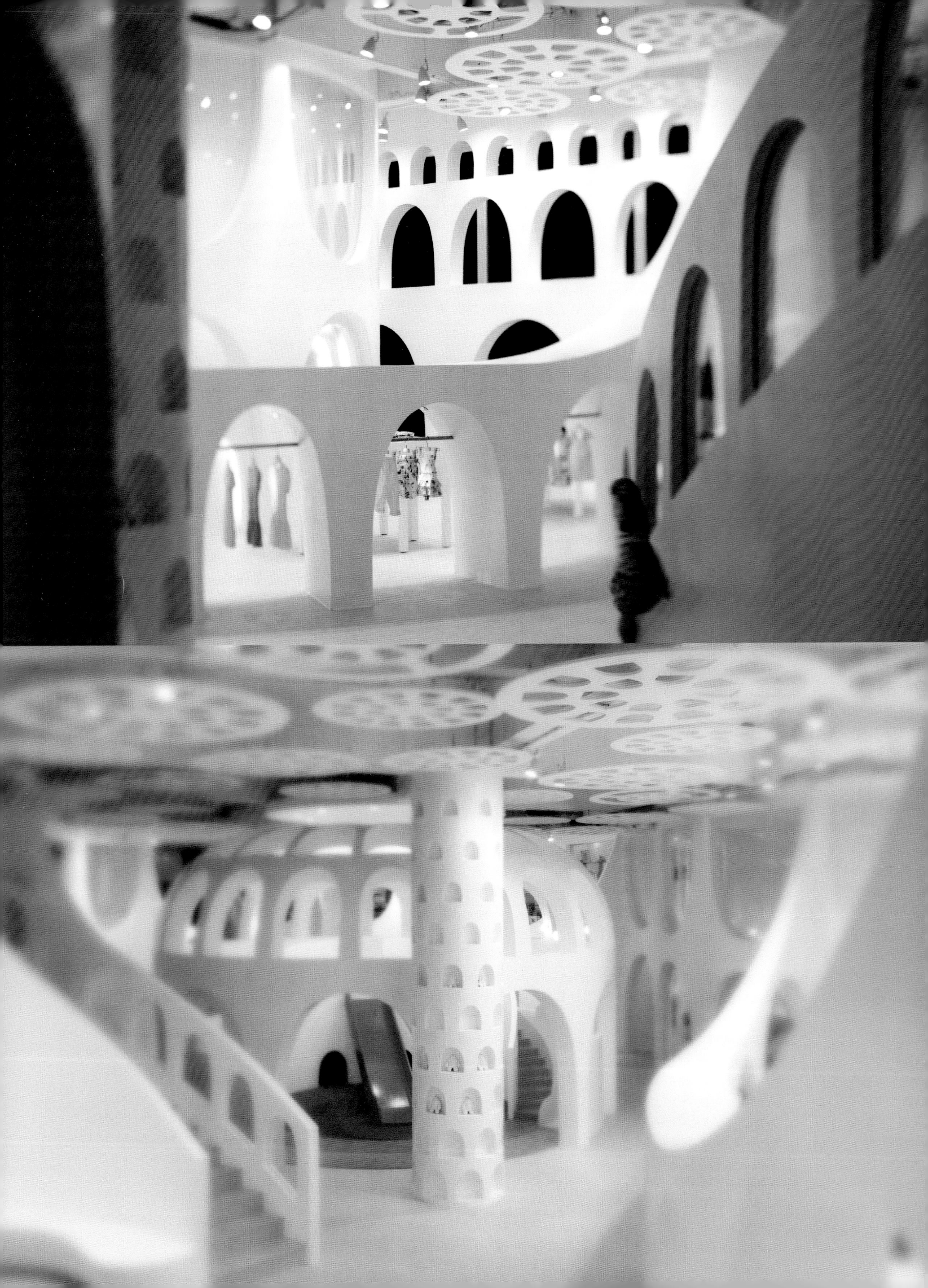

左1 儿童活动空间
左2 接待、休息区域
右1 楼梯细部图
右2 服装展示空间
右3 儿童活动空间

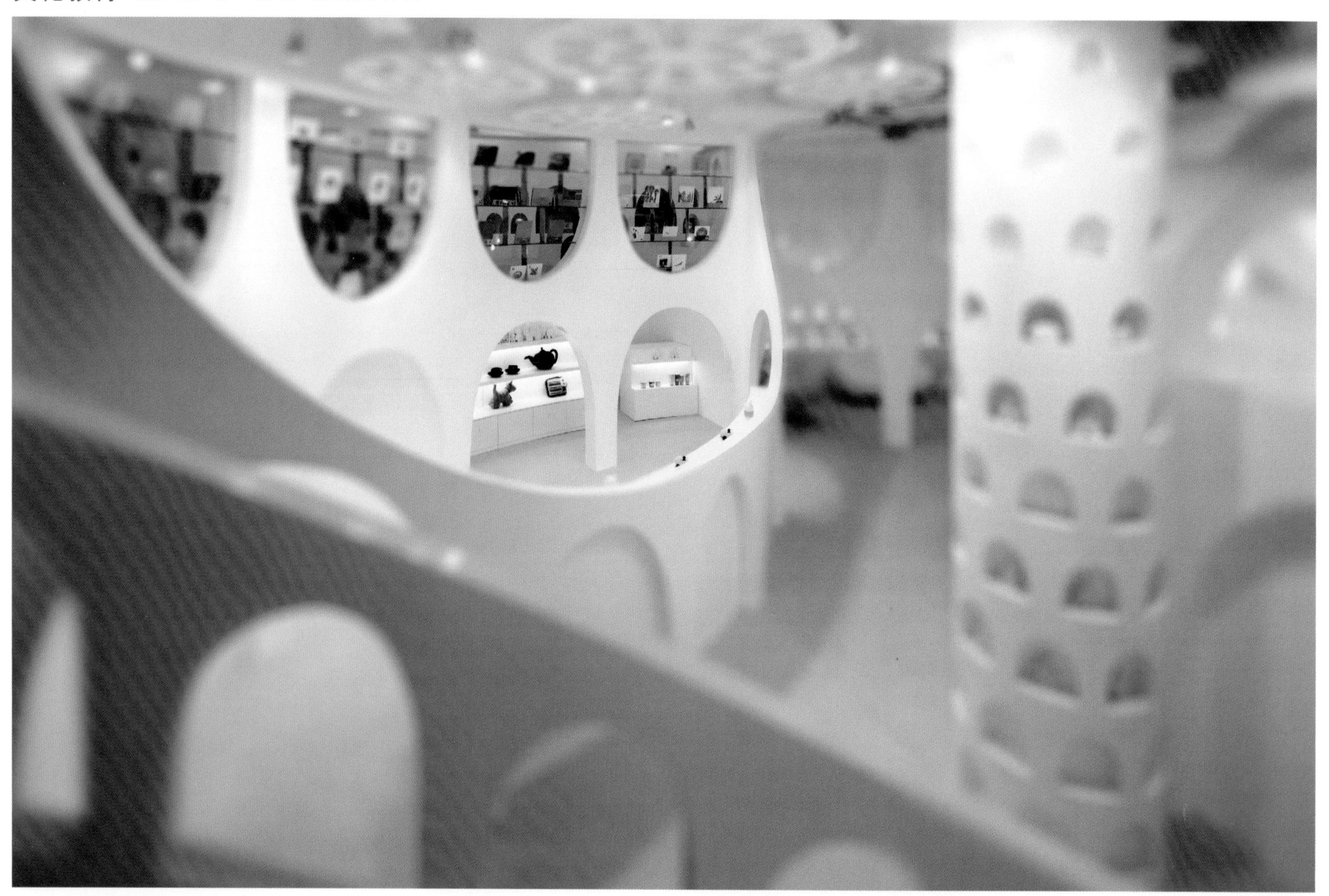

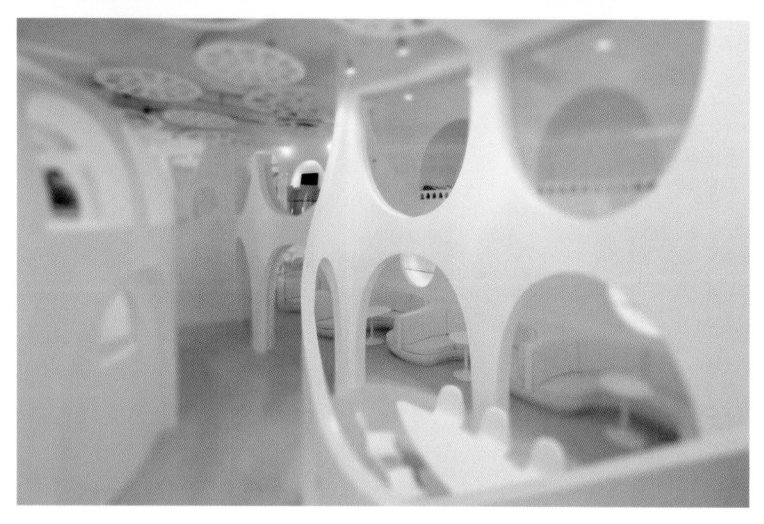

左1 玩具展示空间
左2 接待、休息处
左3 服装展示空间
右1 儿童活动空间
右2 亲子互动空间

798 2010艺术空间 798 2010 Art Zone

设计单位:STA'nD（原Thanlab Office）/ 设计:韩涛 / 参与设计:郭曦、马丽娜、贺子明、王默涵、Johnny Huang / 面积:1107 m² / 主要材料:钢结构、铝板 / 坐落地点:北京798艺术区 / 完工时间:2011年 / 摄影：The 2 office、安力、段萌

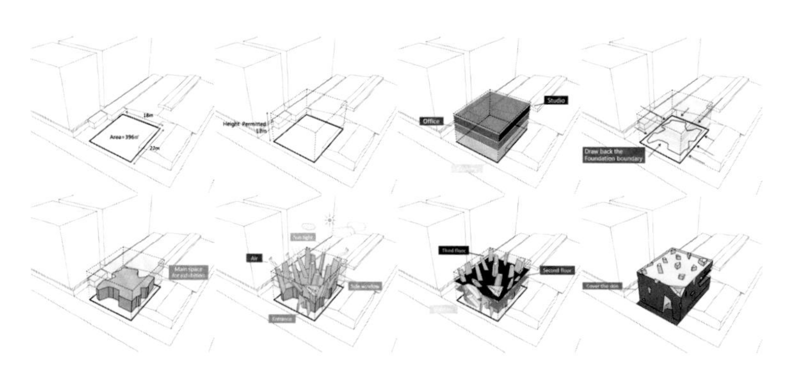

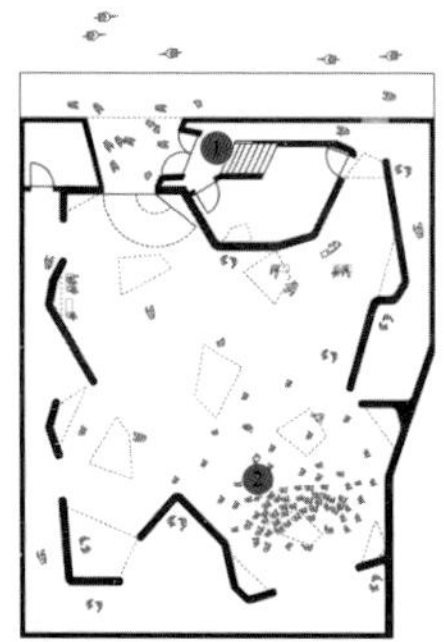

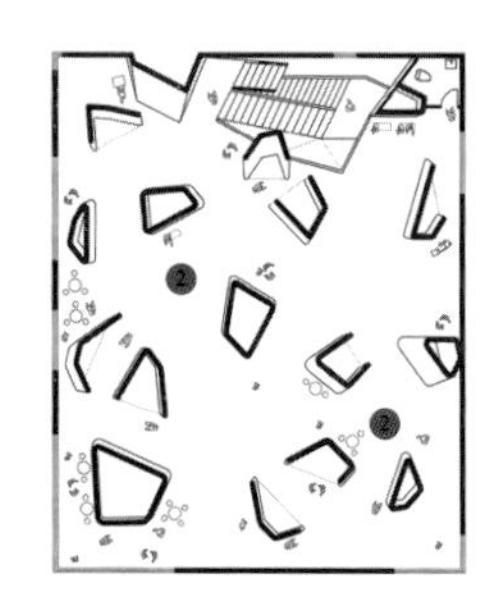

1. 大厅入口
2. 展示区
3. 公共卫生间

左1 外立面东北角
右1 屋顶天台夜景
右2 三层空间
右3 透明光筒

项目背景

项目基地位于798艺术区核心部位，现状是一处处于危房状态的仓库，允许对其进行拆除重建。今日的 798 正处于从艺术区向文化商业旅游区演变转化的进程之中。相对于798常规大量存在的内部更新改造方式，重建项目如何利用这种机会，并对798艺术与商业的关系及未来走向提出新的思考，成为我们着手这个项目的开始。

“798 3.0”/798艺术与商业关系的新思考

我们用“798 3.0”的概念描述了798现阶段及未来状况下艺术与商业之间所呈现的关系。“798 3.0”意图使商业空间/艺术空间整合成一个更良性的相互积极促进的整体，彼此之间混合就是主要内容，相互支持就是秩序。在民间资本的介入、支持与运作下，以一种有机性的方式结合在一起，并在此基础上，把这种整合关系演化为一种有机性的结构关系，既是作为概念的结构，也是作为现实结构的结构。

中空的树形结构

在本案中，这种结构关系呈现为一种中空的树形结构。中空使树形结构产生了内外关系，这使得空间不仅产生于结构之间，也产生于结构内部，它允许光线、视线、空气在结构内外同时流动，内部形成艺术空间，外部形成了商业空间。从结构层面看，艺术支撑着商业，从运作层面看，商业支撑着艺术，这也是“798 3.0”概念的核心要点。

立面是一种剖面式的存在

外立面的异型洞口是内部树枝状光筒延展到空间边界的自然表达，本质上，立面更像是一种剖面式的存在。在整体意象上，外立面以一种对比的姿态和周边环境差异化并存。

结构/功能/空间——不再独立与确定，而是成为一片关系场

建构过程中钢结构的采用使得中空的树形结构不仅最大限度的轻化而且开始变得透明，水平层次与竖向层次不再彼此独立而是彼此交织，重叠透明，成为一个多层交叠的网络性空间系统，人对空间内外的感受开始变得模糊，人对结构的感受也不再是物质性的坚硬与实在，而是气氛性的多层交叠与透明，结构不再是一个个独立的物体，而成为一片空间的关系场。

在这个结构的关系场中，空间跨距上分化为不同的尺度，试图将人的多种活动及使用方式内在的结合为一体，不是差异化的功能决定了结构的方式，而是有机性的结构方式将差异化的功能包裹其中。在这个意义上，空间使用的方式在于如何发现，并呈现出各种潜能，而不是被规定，被一一对应的先验性执行。或许可以说，这是一个关于功能可能性的设计，而非一个功能明确的先验性设计。

屋顶作为事件的场所

树形结构伸展到屋顶的光筒演化成了不同家具尺度的户外桌椅，这些桌椅之间疏密有致的距离关系为一种聚会性的事件活动提供了一个有质量的空间场所，并与相邻的工业厂房及城市背景形成了戏剧性的空间对比。

临时性建筑的未来可能性

在当代中国的现实条件下，这类构筑物只能获得一个临时性建筑身份，也许只能在一个有限的时间内获得现实的合法性。对于设计而言，一开始我们就将这种不确定性考虑其中，以应对798未来无法预测的可能变化。因此，建造方式上采用组装式钢结构就成为一种必然的选择，因为这种方式存在着异地重建的可能性，即使在中国条件下这种建造方式并不普遍，也成为最终的合理选择。也正因为这个原因，建筑形式自身呈现为一种并不完全依赖于周边环境的具体表达，而是具有一种自我完形的原型倾向，我们希望这种原型在未来能够继续扩展研究并可持续发展。

内部空间的尺度

中空的树形结构在空间尺度上分化为两种级别，树干部分层高5m，跨距达12~16m，树枝部分层高3m，跨距缩小至3~4m，前者与事件及公共活动所需的尺度相匹配，后

者与人的身体及家具功能区的尺度相匹配，相对于中国当下框架结构常规使用的8 m尺度，前者的尺度扩大1/2，后者的尺度缩小1/2，同时，这个尺度也是中国传统木结构最常使用的结构跨距。我们试图在结构间距、尺度、密度的层面就将人的活动及使用方式内在地结合为一体，不是差异化的功能决定了结构的方式，而是有机性的结构方式将差异化的功能包裹其中。

一层大厅/时间/事件

安迪沃霍尔："每个人都能当上15分钟的名人 。"在艺术展览的活动中，开幕式是其最重要的使用环节，中空的树形结构引入的特定时刻的阳光使一层展厅的特定位置被标记，并成为开幕式时艺术家成为主角的那15分钟。

上、下 二层空间

左1 楼梯
左2 三层空间
左3 一层展厅
右1 二层空间
右2 三层空间

成都当代美术馆 Chengdu Modern Gallery

设计单位:家琨建筑设计事务所、四川创视达建筑装饰设计有限公司 / 设计:刘家琨、张灿 / 参与设计:李文婷、张利 / 面积:4000 m² / 主要材料:马来漆、球道木、钢板 / 坐落地点:成都市高新区 / 完工时间:2011年6月 / 摄影:张灿

此设计是以当代艺术作品展览为主的展览空间设计，这个空间的建筑是由家琨事务所的刘家琨老师完成的，而建筑部分的室内空间设计是由创视达团队加入家琨事务所团队一起共同创造的。

当代艺术展览中心的设计最重要的是体现建筑空间的感受，整个空间应该尽量做到“无装修”的设计效果。

从设计初期我们就希望做到一个没有过多装修的设计，尽量做到建筑原本的展现和体现，所以我们在建筑中运用了大量干净的线条和面去组织整个空间，尽量彰显建筑本身固有的空间特点，这也是成都当代艺术中心室内设计的重要显现。

在材料的运用上选用了最简单的建筑材料。整个展览馆都采用了水泥磨光地面，墙面采用了乳胶漆和马来漆。马来漆主要运用于门厅部分和一些灰色墙面。天棚，在门厅部分采用不锈钢的钢网形成灰色的面，同时空调管道也暗藏其中，风口通过钢网将风吹入大厅，形成了看不到风口和检修口的干净的面。在这个设计中刘家琨老师特别要求不能有造型，除了有功能需求和照明需求的地方以外，无任何多余的造型，无中生有的形态在这个设计中是不存在的。

因为这个空间所承载的是美术的作品、雕塑作品等，所以装修在普通参观者眼里是看不见的，大家欣赏的是艺术作品而不是装修，但当他们闲下来的时候又能感受到整个空间的舒适度和艺术性，那么这个设计就成功了。我们的设计在这个功能中是配角，为了让主角的戏更加出彩，这个配角的分寸需要强大的控制，不管是用材、形态或是照明都需要巧妙的控制，拿捏好分寸。

一楼的展览空间主要采用水泥地面，没有吊顶的黑色风管管道，白色的墙面，让艺术作品能更加吸引人的眼球。二楼的区域是相对高端的区域，可能用于藏画、古典画等的展示，所以此空间做成了博物馆的形式，地面使用小条木地板，天棚面吊顶，巧妙地将风口和灯具轨道相结合，所以在吊顶上看不到明显的风口和外挂的轨道。

整个当代艺术空间的照明设计是这个设计里非常重要的方面。尽管材料简单单一，但是照明和光的氛围也使简单的材料渗透出强有力的魅力。不管是门厅、画廊、休息区、影视厅、贵宾接待室或者是天井部分，我们都采用了适当的照明系统，使整个艺术馆的氛围恰到好处。

左1 入口
左2 门厅寄存问讯处
右1 门厅全貌

Information
Coat Check

左1 门厅
左2 门厅艺术书店
左3 一层展厅自然光展览大厅
左4 二层7米高空间展厅
右1 一层展厅
右2 二层展厅回廊
右3 贵宾休息室
右4 影视厅

德国歌德学院启蒙艺术展儿童体验区 Children's Experience Area of Enlightenment Art Display by Germany Goethe Institute

设计单位:维思平建筑设计（WSP ARCHITECTS）/ 设计:吴钢、Knud Rosson / 参与设计:白云祥、樊璐 / 面积:1013 m^2 / 主要材料:钢材、木板 / 坐落地点:北京国家博物馆 / 工程造价：200万元 / 完工时间:2011年8月 / 摄影:广松美佐江、宋昱明

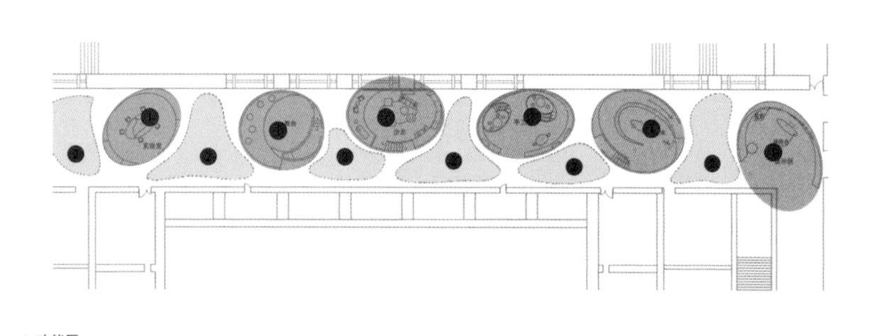

1. 功能区
2. 等候区

卫生间

卫生间

主要交通流线

参观流线

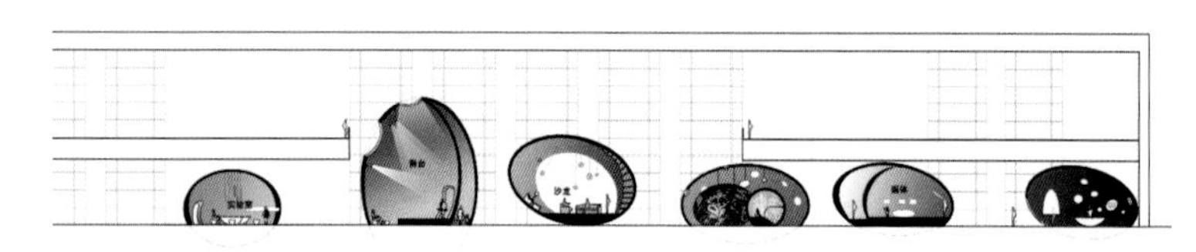

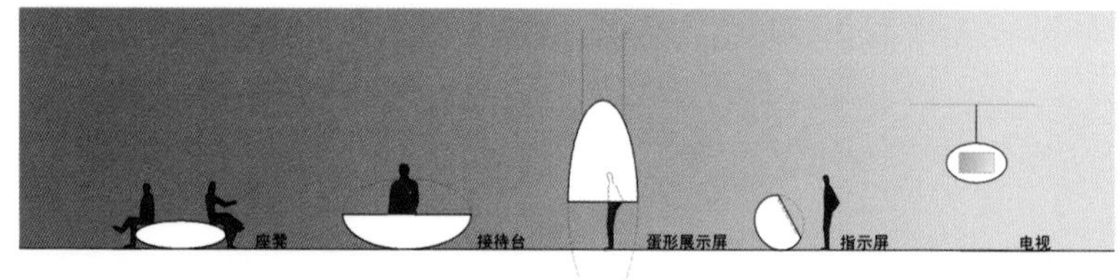

右1 蛋形的外立面极具儿童色彩

本次展览是歌德学院启蒙艺术展的参观者体验区，针对以家庭为单位的访客，采用新型的对话式导览方式深入解读展览内容，探讨“启蒙”这一概念在当下的新意义。展览位置位于长安街以南，天安门广场东侧的国家博物馆二层的走廊区，东侧采光。

形态分析：国家博物馆在建筑上给人的感觉庄严、大气、宏伟，其建筑形式对称、均衡，所以总体感觉为方形。参观者体验区的蛋形建筑给人的感觉是跳跃、活泼、灵动，其形式是错落而又变化的，所以总体感觉为圆形。圆在方中，犹如精美的方形首饰盒中放一串珠宝，充满“圆满之意、温润之美、和谐之韵”。而蛋形的选择正体现了新生命的孕育，启蒙的意义以及体验世界的开始。

概念内涵：展示区是聚集的体验。媒体区是展示的体验。手工坊是发现的体验。沙龙区是沟通的体验。舞台区是表达的体验。实验室是探索的体验。

蛋形建筑占地约400 m^2，各个蛋形空间从南到北依次为展示区、媒体区、手工坊、沙龙、舞台和实验室。每个空间的外皮都为白色，像蛋壳一样纯净，空间里面则为不同颜色和不同材料的表达。给观众以不同的视觉和触觉感受。由于每个蛋体内没有单独的空调和通风系统，所以得和走廊空间共用一个空调和通风系统，因此在每个蛋体上开了一些大大小小不同的洞，以便空气能畅通的流动和采光，这样通风和采光的问题就迎刃而解了。

展示区是聚集的体验。它处于体验区入口处，以一种欢迎的姿态展现在大家面前，此区域主要功能是对观众作品的展示，里面的设施有：接待台、上网电脑、投影仪、磁板墙面以及观众手工作品的展示柜。整个空间环境灯光为蓝灰色，内墙壁颜色为蓝灰色。

媒体区是展示的体验。其空间形式像蜗牛一样。形成了“廊和厅的关系”。廊，为浏览区，液晶显示器位于此处，滚动地展示了德国默片以及戈雅名画等内容。厅为停留区，上网电脑、西洋景、望远镜等位于此处，给人们以驻足体验的空间。观众通过廊可以走到厅里，浏览和驻足形成了较为有趣的互动，并对德国电影历史有了更深的体验和感官享受，使得整个空间更具有趣味性，媒体区内色调为浅灰色，内壁材质为吸音板，环境灯光较为昏暗。

手工坊是发现的体验。色彩活泼的地毯，圆形的大桌子、墙边的弧形凳为观众提供了手工制作的良好条件和氛围，在这里观众可以亲自动手进行手工实验，内容包括：剪纸、绘画、写作、积木、制作画报等一系列锻炼动手能力的活动，优秀的作品便可以在展示区展出，让观众充分享受自己动手的快乐和成功的喜悦。手工坊整个空间环境色彩明亮，内壁颜色为浅木色。

沙龙区是沟通的体验。整个空间从外立面看是一个翘起来的蛋，调皮而有趣，空间内地台高于地面1 m，需要通过楼梯才能进入。此区域是提供观众休息和阅读的区域，具有良好的采光，舒适的懒人沙发、古朴的书架和轻柔的音乐，如同家里一般。深木色的墙壁颜色，柔和的日光营造出一种轻松自如的气氛。

舞台区是表达的体验。整个空间高达10 m，较为壮观。蛋体正上方和侧面各开了一个洞，正上方的圆洞犹如万神庙的天窗，光束聚集在舞台上，更体现了戏剧的神圣，侧面的洞也犹如雅座一样可与二楼的观众进行互动，为整个空间增添了神秘性和趣味性。空间内分为两个区域：舞台区和后台区，观众可在后台换好戏服，带上面具，拿着剧本直接上舞台表演，体验一回当演员的乐趣，观众的家人、朋友便可在台前观看、拍照留念，这种自我表达的形式让更多的观众了解戏剧对于启蒙思想传播发挥的重大作用。舞台区环境灯光为暖色，墙壁材质为浅色绒布，温暖而浪漫。

实验室是探索的体验。实验室的设施有：多功能桌、投影仪以及储藏柜等。此空间除了能让观众进行一些化学实验和科学实验的研究外，还可以当多功能室，比如美食的烹饪与品尝、休息与等候、放映厅等多种功能的使用。实验室的环境灯光为暖色，墙壁颜色为浅绿色。

左1 艺术交流区
右1 从里向外，外景一览无遗
右2 手工坊区
右3 舞台区

左1-左3、右1 蛋形区域的不同的视觉角度

无锡大剧院 Wuxi Grand Theater

设计单位:芬兰PES设计事务所、金螳螂设计研究院姜亚洲设计工作室 / 设计:Pekka Salminen、姜亚洲、陆屹 / 参与设计:黄懿、邹忆文、朱钧、孙劲 / 面积:50000 m^2 / 主要材料:重竹、莱姆石、水晶玻璃砖、可丽耐、GRG / 坐落地点:无锡市蠡湖畔 / 完工时间:2012年4月 / 摄影:潘宇峰

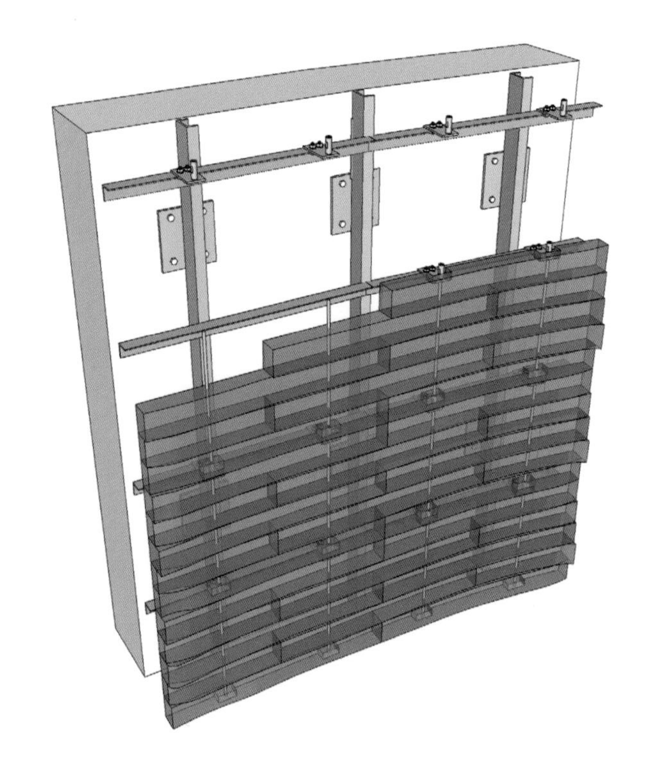

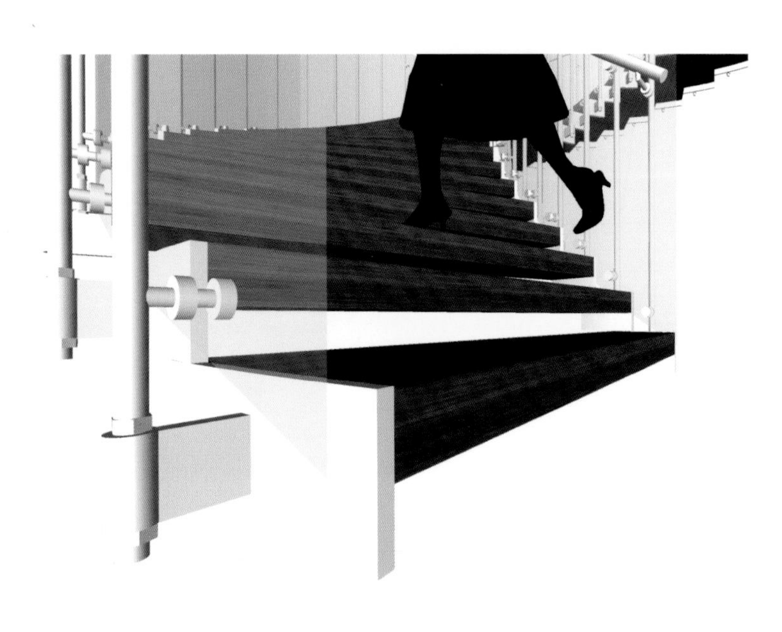

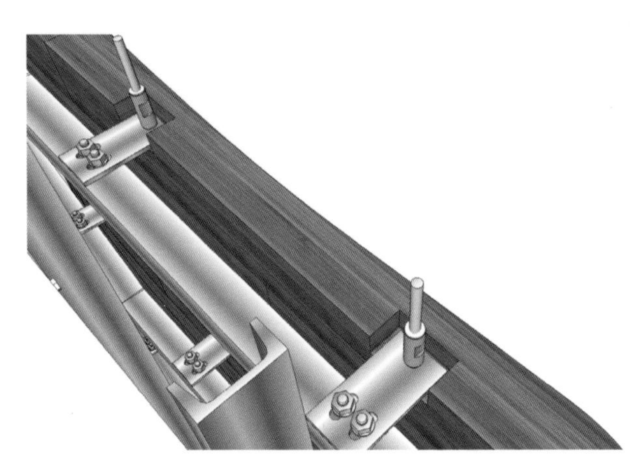

无锡大剧院室内设计总体策划创意源于自然，将建筑环境与室内融为一体，融合了中西方文化，体现了中国元素和区域资源的特色，突出了建筑的文化艺术性，塑造了与建筑融合的北欧现代设计风格。无锡大剧院无论是在中国还是在国际上都将是一座高水准、多用途，兼生态性、艺术性的观演建筑。无锡大剧院建筑及室内设计方案由芬兰PES设计事务所原创，金螳螂姜亚洲设计工作室负责对方案的深化调整、施工图设计、试样的制作和论证及施工阶段的现场服务。金螳螂设计对项目中所涉及的重点部位材料做了大量的1:1试样，为后期施工阶段的大规模使用做了良好的铺垫，并达到原创的设计效果，如大剧场墙面数控切割重竹块、大剧场休息大厅的水晶玻璃墙、入口门厅的玻璃光柱、大小剧场休息厅的GRG异型吊顶等。本项目在不同空间大规模使用重竹，是国内首创，其中大剧场墙面的重竹设计更是世界上首例。深化设计中把墙面重竹全部以3D犀牛软件重新分割定位为不同弧形尺寸达2万多块，近40条不同曲线，从而对每块重竹进行了系统的编号，在室内装饰施工之前，各编号的重竹块已经有各自准确的安装位置，最终达到可在异型完成面下进行模块化安装施工。

右1 剧院外立面

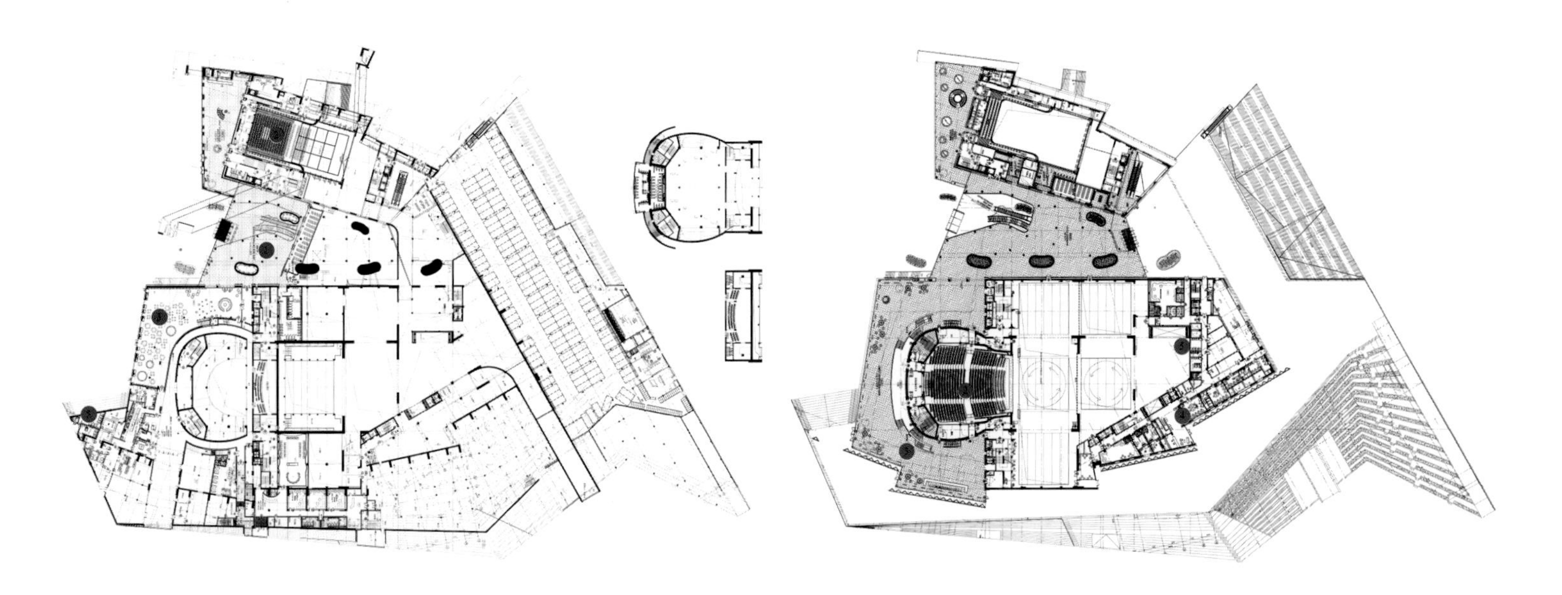

1. 大厅
2. 多功能厅
3. 休息区
4. 办公区
5. 公共卫生间

左1 弧形艺术玻璃砖墙的大剧场大厅
右1 大剧场休息厅悬吊钢结构楼梯
右2 别致的大剧场贵宾休息室
右3 小剧院内部

左1 小剧院休息厅弧形吊钢楼梯
右1 大剧场内部正面视角
右2 大剧场三层挑台视角
右3 大剧场墙面异型重竹

新清华学堂音乐厅 New Concert Hall of Tsinghua University

设计单位:清华大学清美玉尧 / 设计:杨玉尧 / 面积:40000 m^2 / 主要材料:油墨、米黄 / 坐落地点:北京清华大学校内 / 完工时间:2011年4月

清华大学百年校庆工程之一的新清华学堂音乐厅的外立面采用经典的欧式风格，而里面则采用中国复古的朽木，“梁”作为总建筑材料，而梁却不仅仅只是建筑材料。看到“梁”这个字，想必大家的脑海里会浮现这些熟悉的成语：“悬梁刺股”、“栋梁之才”。这也正是设计师的另一种寓意：“自强不息，为国家培养栋梁！”巧妙地对应了清华的校训“天行健，君子以自强不息；地势坤，君子以厚德载物”。

古典的罗马钟，高贵的蟠龙，高雅的紫金花，无一不突显出整个音乐厅的气场。完美的中西结合，让整个音乐厅既不丢失原有的古典美，又引进新颖的西方美。

左1 复古的朽木有着古典气息
左2、左3 带着古典气质的细部图
右1 由远及近，整个舞台给人精彩的视觉效果

左1 门上刻着金贵的蟠龙
左2 门把拉手细部图
左3 音乐厅全景
右1 音乐厅侧景

崇明规划馆 Chongming Planning Hall

设计单位:上海风语筑展览有限公司 / 设计:李祥君 / 面积:6000 m^2 / 坐落地点:上海 / 完工时间:2011年

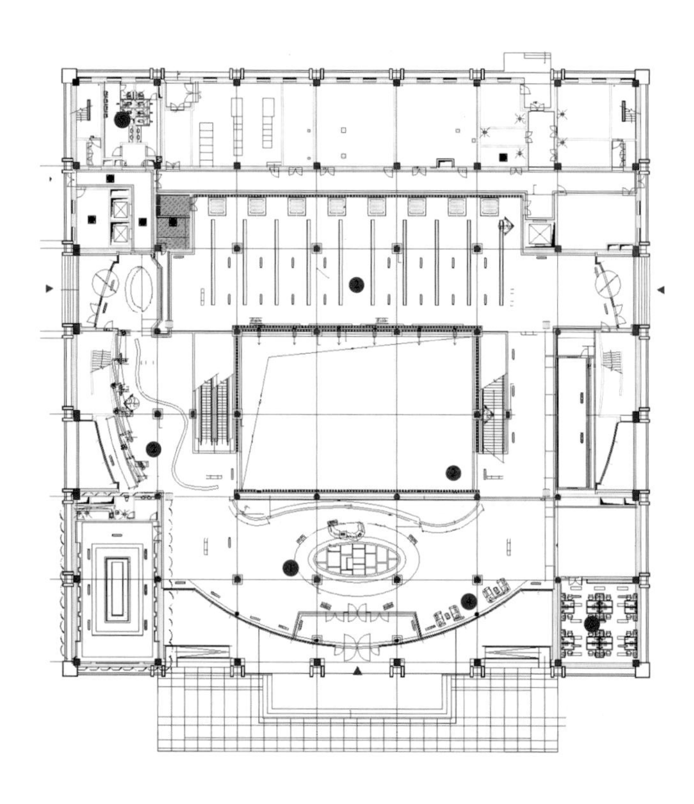

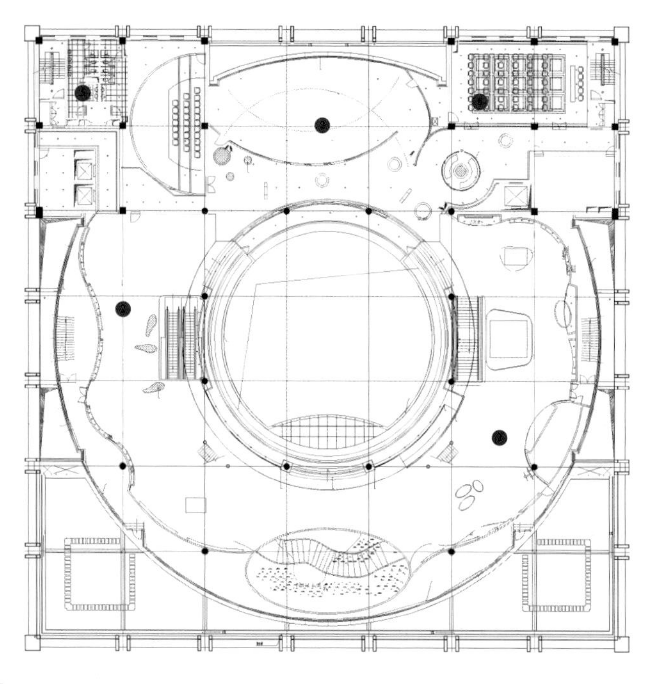

1. 大厅
2. 展示区
3. 办公区
4. 休息区
5. 公共卫生间
6. 多功能厅

右1 灯与墙的独特设计使整个空间显得独具匠心
右2 展示馆外立面

东海瀛洲 生态崇明

崇明在长江的尽头，江水流入东海，崇明成了它壮阔成另一番情态的起点。崇明规划展示馆的建立不仅灌注了长江的诗意，记载下1300年的文明历程，刻录这一方明净岛屿的今天和明天。

生态绿岛

崇明作为世界上最大的河口冲积岛，历经华夏五代，文化历史底蕴宽广深厚。“崇”取高义，“明”取清明义，这片海阔天空的东疆乐土，于21世纪的第一个十年迎来了《崇明生态岛建设纲要》的提出，实现了国家战略、上海使命及崇明愿景的高度统一，“绿色”、“生态”的城市特色便与崇明紧紧联系在了一起。

展馆解意

崇明规划展示馆的室内设计在充分挖掘崇明“生态低碳”、“绿色经济”等城市特色的基础上，坚定履行了“现代、国际、生态”的设计理念，成功将展馆从传统的陈列空间转变为集观演、体验、互动于一体的现代高科技展示空间，全方位展现崇明岛的历史沧桑和时代巨变。特别突出了崇明“国际生态岛”的地域文化元素，创新运用生态花墙、树叶造型墙、湿地植物艺术墙、意象森林等抽象元素，构建出一座生态、环保、现代的互动展示空间。同时，曲线展墙、波浪造型顶等装饰设计更是凸显了崇明作为西太平洋沿岸的璀璨明珠迸发的蓬勃生机。

色彩概念

规划馆的色彩充分考虑到作为城市规划专业展馆的权威性、亲民性和开放性，故以黑白灰为基调，画龙点睛般地运用生态绿、科技蓝的色彩概念，塑造出了一个大气敦厚，而又不失活泼灵动的展示空间。

空间设计

一、生态概念的理性演绎

1. 城市客厅——江海神韵

展馆序厅作为展示崇明形象的首要空间，由一面高达两层的抽象城市背景墙构成。层层蓝色发光曲线犹如连绵不断的碧水，流淌出江海流波的城市情态，配合城市荣誉关键词的镂刻及超长弧形LED欢迎屏的嵌入设计，成功预热了观众的参观情绪，彰显了绿岛的独特魅力。

2. 城市文化体验空间——引绿入馆

展馆巧妙利用建筑玻璃幕墙，留出一方柔性开放的休憩空间。将外部绝佳的自然景充分引入展区，在阳光和室外绿色植物的视觉作用下，柔化了建筑棱角，极大提升了展馆的生态意境。展区书架的设置，便于参观者在休息的同时阅读各类规划书籍。

位于三层的生态县建设规划展区，通过巧妙的设计再次将室外阳光引入室内空间，室内外景观相互映衬，浑然一体。同时还通过模型及多媒体查询的形式详细将东平国家森林公园、西沙湿地、东滩湿地、明珠湖等丰富的旅游资源一一呈现。

3. 生态陈家镇——生态花墙

告别历史，穿越时空，在空间转换间，观者来到以“生态”为主题的陈家镇规划展区。整个展区围合在充满凹凸感的抽象化“生态花墙”之中，顶部异型的生态造型配合自然垂下的不断闪烁的光纤，营造一种生态意境的展示氛围。利用VR虚拟技术，让参观者骑着虚拟的“单车”在大屏幕播放的“森林”中自由穿行，在三维虚拟生态空间里感受亲近自然的愉悦。

4. 东滩湿地沉浸式生态体验空间——四维全景仿真湿地系统

东滩湿地生态体验空间汲取崇明特色湿地元素呈现东滩自然风景，曲线造型宛若相连的沼泽湖泊。芦苇丛中，用现代高科技打造的“数码花丛”，采用数百个微型LCD屏幕，分别展现东滩湿地优美的自然画面及湿地中的动植物图像及文字说明，而通过望远镜还可以体验东滩湿地观鸟的乐趣。错落丛生的芦苇丛中，轻轻摇荡，变换闪烁，投影出的鸟类影像在芦苇荡中飞起，营造出一片怡人的生态之美。使参观者产生强烈的体验感与沉浸感，这也是国内规划馆首次采用四维全景体验模式。

5. 意象森林——360度多媒体体验空间

采用大量矗立的绿色的光柱体，构成了抽象的森林，制造一种原生态的人与自然和谐共生的状态。椭圆形展厅的中央是一个平衡圆桌，四周墙上是两条具有设计感、相互交叉的似飘带般的360度多媒体装置连接整个空间。圆桌的桌面被平均的分为生态环境和城市化两部分，由八个圆球代表构成生态环境与城市化的元素，他们以中线为轴心达到生态的平衡。 观众在寻找生态平衡的过程中，台上不断变化的状态所引发的结果都会在360度的多媒体装置中通过视频的方式显现出来。

二、科技点燃城市文明

高科技互动展项形成吊床效应，设置人性化。

1. 崇明发现之旅——沧海变桑田

通过多媒体影像卷轴的植入，生动展现了老崇明的旧记忆，更实现了历史情节与现代科技的巧妙对话。“造化钟神秀，沧海变桑田”，独特的地域特征，千年巨变的沧桑，孕育出沧海桑田的时代感。历史沿革展区，高科技沙盘推演演示系统的设置，通过数码技术结合实体模型，将崇明的形成及发展演变详细的呈现在参观者的面前。波澜壮阔的历史长河在人们面前缓缓铺展开，记载着崇明一路走来的辉煌与精彩，一路征程一路歌。

2. 总规模型演示——沉浸式总规模型系统

三层总规展区内的曲线造型简洁大气，与总体规划庄重、严谨的展示内容不谋而合，同时再次呼应了“东海瀛洲·生态崇明“的展示主题。总规模型厅内“沉浸式弧形屏演示系统”拉开了整个模型演示的序幕。LED屏、上空区位模型及舞台灯光实现三位一体的动态演示，将崇明的未来史诗般地展现在人们面前，设计师创新打造了一个水面LED与模型巧妙结合，一侧一组流动的抽象生态绿叶造型墙将展示空间灵活分割。

3. 城市映像间——4D动感弧幕影院

进入影院，弧形的画面、超宽的视角，完全充斥人们的视野，给参观者以身临其境的视觉体验。环绕立体声带来影院式动感震撼的听觉感受。全三维精心制作的崇明远景规划宣传片，带领人们穿越时空，畅游未来。

其他科技展项：商船时代、城市移屏、弧形互动魔镜墙

崇明，是一首栖息在花间树丛的田园诗，是一方绿意如水。中国作家协会副主席高洪波先生曾赠言：“会须一饮三百杯，错认崇明是故乡。”故乡，是一种归属感，也是一个城市的精神力量。崇明城市规划展示馆承袭一脉精神，淬炼出一座生态之城，与崇明一起展望未来，展望发展，展望锦绣前程！

左1 精致的灯加上其完美的线条显得十分大气
左2 墙面上精美的雕刻加上灯光的配合，颇有气氛
右1 放眼望去，馆里简洁通透
右2 CD屏幕为整个空间注上时尚气息

无锡灵山五印坛城 Wuxi Lingshan Five Seal Mandala

设计单位:HKG GROUP / 设计:蔡鑫 / 参与设计:沈寒峰、张毅峰 / 面积:3890m² / 主要材料:大理石、花岗石、木饰面、金属、瓷砖、布艺、真皮、织物软包、织物硬包 / 坐落地点:无锡灵山马山路 / 工程造价：8000万元 / 完工时间：2011年9月 / 摄影:刘其华

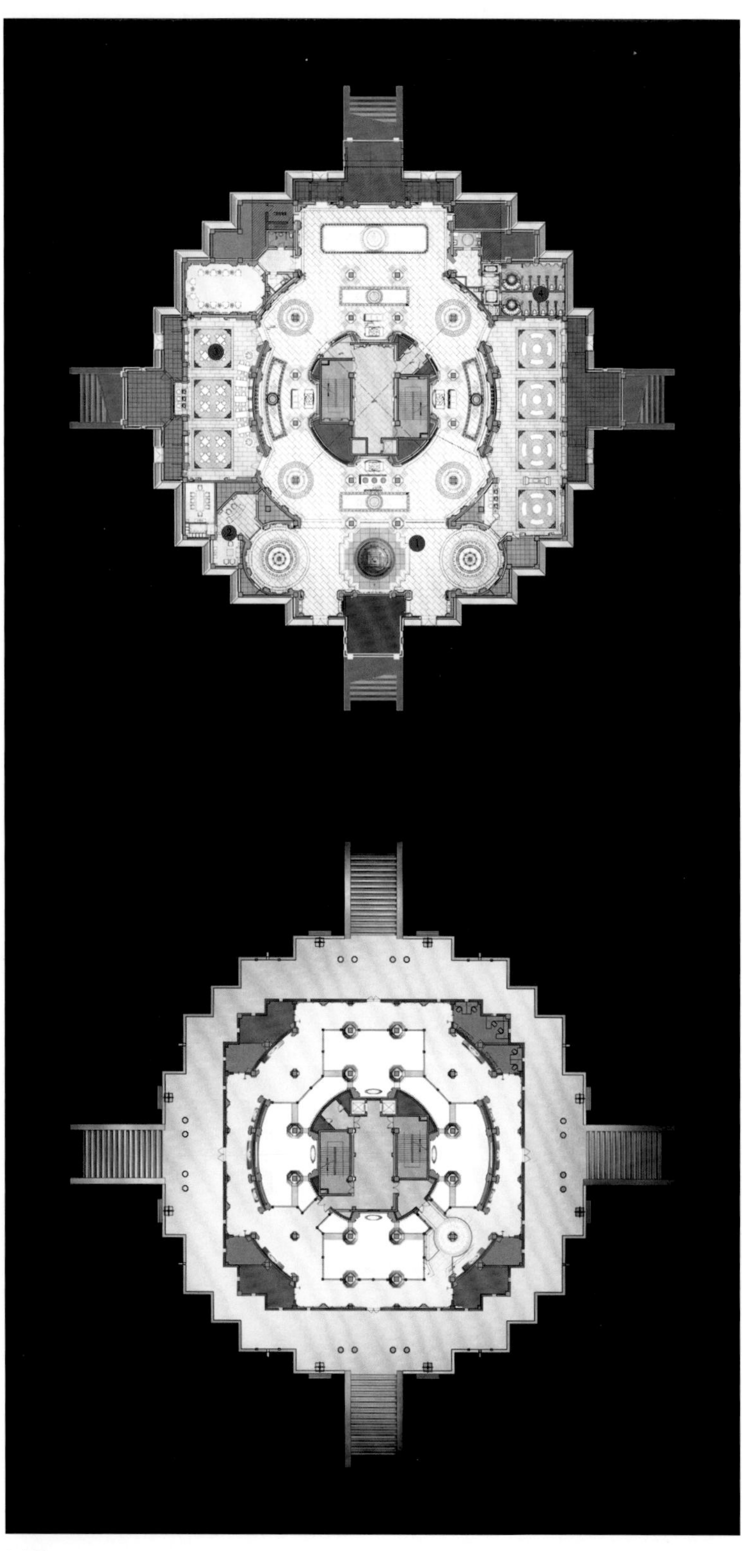

1. 大厅
2. 接待区
3. 休息区
4. 公共卫生间

左1 顶部显得格外金碧辉煌
右1 局部

原建筑的层高仅为4.2 m，是无法实现藏传佛教特有圣景要求的。而室内设计以五方佛为核心，对建筑空间重新整合，将原本平淡的建筑结构改造后，形成三层高大的环形殿堂空间。其室内空间采用现代的设计手法、现代技术，配合传统的藏族佛教风格，使古老的藏族工艺焕发出新的生机。依靠现代技术，采用LED技术实现，配合真实的酥油灯杯，经过无数次的实验，让火苗的跳跃更为真实。当浓郁的藏传佛教音乐响起时，万盏灯光同时燃起，伴随着音乐的节奏，火光也在演绎不同的效果。在震撼的音乐、火光相互交融下，虔诚地敬献给佛祖的同时，游客也将参与点灯仪式，为家人、朋友祈福。

作为殿堂游览的开始，五印坛城的进厅是一个小型的圆形空间，为游客提供休息、等候及更换鞋套等服务功能。墙面中充满浓郁的藏传佛教色彩。配饰的壁灯、把手由室内设计师精心设计，并将传统图案融入到现代造型及加工工艺中，与坛城融为一体。其内部的铜雕、木雕、石雕、彩绘、壁画全部采用藏族传统技法，并有室内设计师赋予现代感的形式，将传统和现代技术完美结合。配饰中的艺术灯具、家具全部由室内设计师设计。

五印坛城的二层与建筑中心的核心筒，依靠两座桥状的连廊相互连接，在靠近核心筒一侧的顶端是一个藏传风格浓郁的华盖。以极其精美的造型和精致的制作工艺吸引着游客的目光。二层，这是个环形的展示空间，将藏族精美的工艺精品展示其中。通过共享空间，可以全方位的感觉空间的雄伟气质，也是游客驻足的景观之一。

五印坛城中最后一方佛的神秘面纱，完成五方佛的洗礼。来到室外天台，这里可以俯瞰灵山的圣景，大佛、梵宫、九龙灌浴等众景之美尽收眼底，此时，时光在隔绝尘世的天地间突然停止了运行。隔着淡淡的雾气，远处梦境一般的太湖也变得悠远而又神秘。

藏传佛教风格建筑，金碧辉煌的金顶，具有浓郁藏传风格的巨大鎏金宝瓶、经幢和经幡，交相映辉，藏红、白、金黄三种色彩的鲜明对比，分部合筑、层层套接的建筑型体，都体现了藏族古建筑迷人的特色，让游客在中原地区感受独特的西藏文化。

左1-左4 不同区域的细部图让游人感觉到独特的藏族文化
右1 古色古香的颜色充斥着浓浓的藏族特色

左1 古色古香的窗户上刻着栩栩如生的祥龙
右1 墙面中雕镂着充满浓郁的藏传佛教色彩

杭州天童早教中心 Yu Family Center, Hangzhou child star days

设计单位:杭州海天环境艺术设计有限公司 / 设计:姚康荣 / 面积:1200 m² / 主要材料:塑胶卷材、彩色乳胶漆、亚麻地胶板、白色人造石、纸面石膏板、软膜天花、白色哑光漆、彩色人造革软包、陶瓷马赛克 / 坐落地点:杭州城西花鸟市场边 / 摄影:姚康荣

儿童早教中心是一个特殊的儿童活动空间，它的特点是儿童启蒙、交流、分享、寓教于乐的过程，儿童与家长、与老师如何更好的去交流是我们考虑的重点。因此设计师在考虑空间到达感时，更多是分析场景冲击的视觉感和新奇感，于是选用色彩艳丽的构件作为设计主题元素。

波浪、曲线是一种具有爱护、亲和、包容、活跃的符号。运用这些符号，贯穿本案设计的室内外，使得幼儿园更具亲和性和活跃性。纵观平面布局，我们摒弃了传统横竖向布局，让人在室内空间的活动流动起来。像花又像溪流，渐变的梅红色彩随着空间变化不断流动，天花顶上梅花形的灯像是天上的星星在眨眼，深色的梅红造型疏密有序点缀墙面，像是五线谱上的音符。条形码的渐变配色与动感曲线的完美结合，使得本案更具活跃感与韵律感。这一切布置与创意都体现了儿童的求新意识，以及环境刺激儿童心理的特点，同时也满足了早教中心这一特殊儿童商业空间的特定要求。

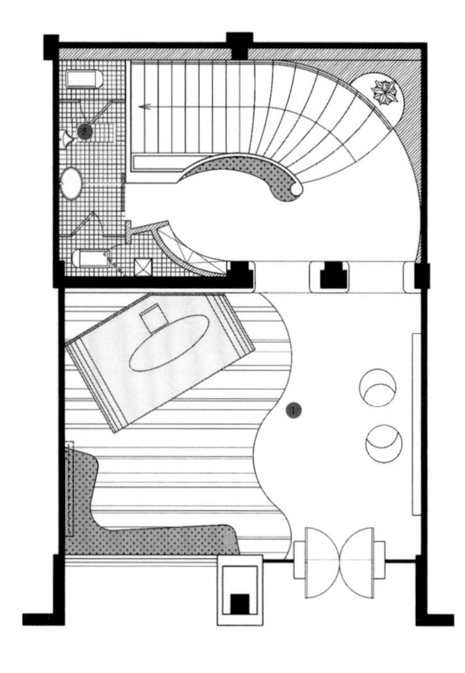

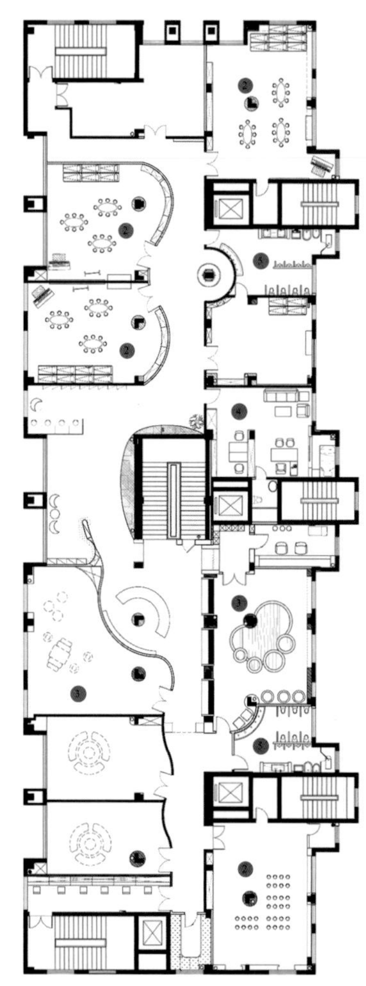

1. 大厅
2. 教学区
3. 休闲区
4. 办公区
5. 公共卫生间

左1 波浪、曲线的展示，更具亲和性和活跃性
右1 天花与地板上完美的曲线展示更具有柔和感

Láska
Ljubov
Love

左1 儿童活动室
左2 天花顶上梅花形的灯像是天上的星星在眨眼，深色的梅红造型疏密有序点缀墙面，像是五线谱上的音符，极具活跃感与韵律感
左3 具有儿童色彩的走廊
右1-右4 四个功能区

杭州金隅幼儿园 Hangzhou jinyu childrengarden

设计单位:杭州海天环境艺术设计有限公司 / 设计:姚康荣、张涛 / 面积:4300 m² / 主要材料:彩色地胶卷材、石膏板、涂料 / 坐落地点:杭州下沙经济技术开发区 / 摄影:姚康荣

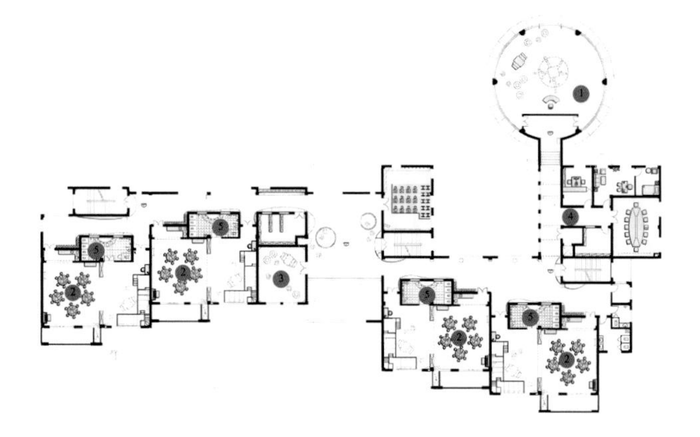

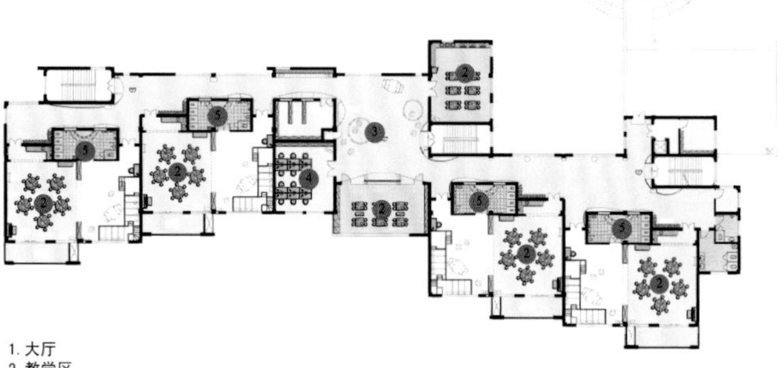

1. 大厅
2. 教学区
3. 休闲区
4. 办公区
5. 公共卫生间

幼儿园东侧是闻名中外的钱塘江，每年8月潮水滚滚而来，是当地自然景观一大特色。根据这个特点，设计师选用与水相关主题符号，贯穿于室内空间的设计。

室内平面布置克服了原有建筑平面横竖布局，用非正统的平面完全取代了那种“平铺直叙”的分布形态。走在门厅、过廊给人的感受是流动的空间形态，曲径通幽，景随步移。流畅、连续、动感的内外部空间均得益于此。大小不一、水滴形态造型窗户零散地分布在走廊、过厅两侧，同时科学地分析了窗户的采光面大小，朝向、视角以及位置都考虑了幼儿的尺度，这种做法成功地控制了光照的强度及户内外景观视线的交流。

在一些特质空间如楼梯间，把它看成是连结上下层平面空间之间的竖向桥梁，选用特定森林图案在一二三层立面连续应用，造成视觉冲击，引领儿童向上攀爬，同时也克服了楼梯间单调乏味之感。

色彩应用定位在单一的绿色色系，简洁纯粹,嫩绿的深浅变化来分布空间的色彩，形成统一的粉绿色调。让空间白和绿色系成为幼儿园的舞台，让幼儿的功能家具、儿童成为室内空间演员，从而形成一个多彩的儿童乐园。

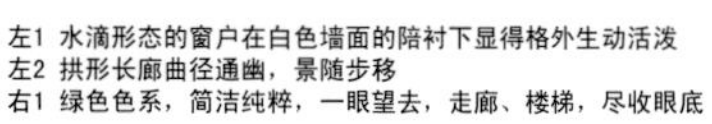

左1 水滴形态的窗户在白色墙面的陪衬下显得格外生动活泼
左2 拱形长廊曲径通幽，景随步移
右1 绿色色系，简洁纯粹，一眼望去，走廊、楼梯，尽收眼底

左1 眺望窗外绿油油一片，与屋内颜色有着天作之合之美
左2 螺旋式的水滴设计是空间的亮点
左3 游乐区域窗户细部图
左4 童趣化的过道细部图
右1 墙面的童趣设计与整体设计协调搭配
右2 儿童图书室
右3 卫生间

耀莱国际（西安）影城 Jackie Chan (Xi'an) international Cinema

设计单位:中外建工程设计与顾问有限公司 / 设计:吴矛矛 / 面积:4543 m² / 主要材料:浅木色铝制条形格栅、黑色镜面不锈钢、香槟金色镜面不锈钢、黑色背漆玻璃，枫木色木挂板、红色烤漆铝板，软包布、浅枫木色实木复合地板、仿洞石地砖 / 坐落地点:西安雁塔南路 / 完工时间:2011年8月

JACKIE CHAN 耀莱国际影城是五星级豪华影城。影院由国际巨星成龙先生与北京耀莱国际影城管理有限公司共同投资打造的， 作为国内最大的成龙主题电影院，影城处处充满了成龙元素。每位顾客可以与“明星”亲密接触以及合照，体会身临其境的感觉。

JACKIE CHAN 耀莱国际（西安）影城，位于西安雁塔南路与雁南二路交口西北角，建筑面积4543m²，总座位数1400个，设计思路来自于对自由、无拘束限制的印象，并引发设计师无限的创作及许多天马行空的意念，而这正与电影世界一样，不同风格、主题、拍摄手法的电影都让观众进入一个奇妙的世界。

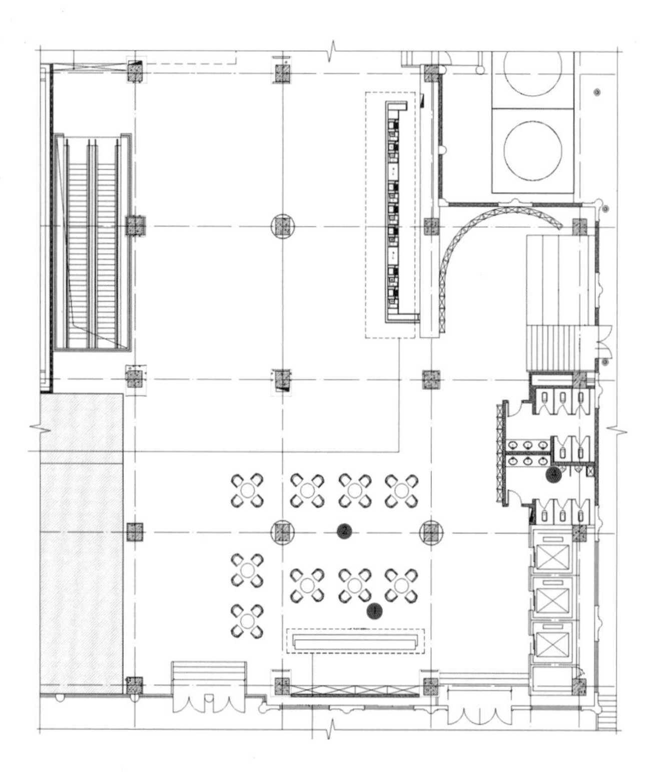

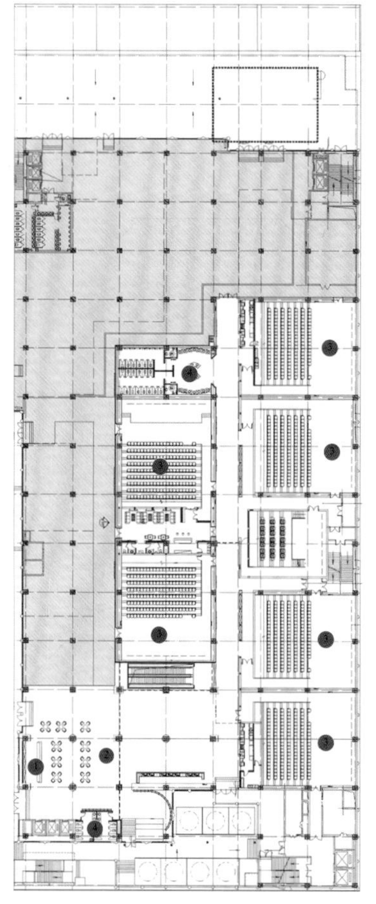

1. 接待区
2. 休息区
3. 放映区
4. 公共卫生间

左1 售票大厅
左2 入场通道
右1 影院入口

1厅
6 7 8厅
VIP休息室
安全出口

左1 售票大厅
左2 入场通道
左3 影厅休息室
右1-右2 观众厅
右3 公共卫生间

世界花园桥峰艺术品设计与陈列 Building of Bridge Upto Zenith

设计单位:齐云生活美学馆有限公司 / 设计:齐云 / 面积:7263 m² / 主要材料:干式吊挂花岗岩、预铸板、铝帷幕、铝窗、氟碳烤漆铝板 / 坐落地点:台湾新北市新板特区中山路 / 完工时间:2011年9月 / 摄影:大陆建设股份有限公司、江建勋

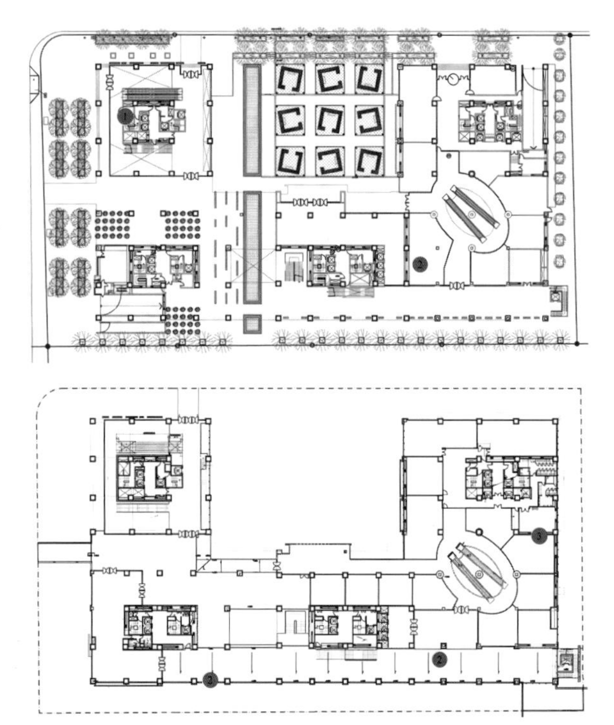

1. 大厅
2. 展示区
3. 公共卫生间

本案留出相当的开放空间，更以山光水色、鸟语花香等主题尝试在水泥的摩登都市里营造出自然的韵味。过往，人与自然的关系非常密切。村童们，时常呼朋引伴地爬上果树，摘采甜美果实。阳光，在身上游移。鸟儿啁啾，虫鸣唧唧。五感六觉，全面性地感受树木的纹理、美感、香气。过往，木头相当频繁地出现在日常中，与人发生互动关系，并且会产生一种具生命力的润泽感。北魏贾思勰在《齐民要术》中清楚记载着栽种槐、柳、楸、梓、梧、柞：“凡为家具者，前件木皆所宜种。”这是中国古代文献中对家具较早的记载。现今都市里，鲜少有人能有此感受。因为，生命中没有这种生活体验。现代大量工业设计的瓷质、钢铁、轻质合金、化学塑料等家具、摆件在日常生活里，却无法感受到这种润泽感。

在世界花园桥峰实品屋内，我运用紫心木（紫罗兰）制作了数个大件的实木装置艺术品，有些更具备了灯饰、家具、游戏等多重的实用功能。凭借着生活经验里对树木的印象与手感，转译出当代的艺术品。

左1 悬挂着的花岗岩与两旁的绿荫展现出了无限生机
右1 大堂内沙发的随意摆放，透露出浓浓的温馨

左1 大堂入口
左2 微微的水蓝灯光与天花板的结合增添了艺术与创造性
左3 对半切的原木树头，鸟儿落在枝头，好一幅“良禽择木而栖”的美景
左4 墙与门的对称勾勒出完美的线条感
右1 火红的墙面及座椅使空间显得格外活泼
右2 规整的空间里摆置了一块曲形圆润线条的木头，增添了些许的圆融、浑厚

西安曲江国际会议中心 Xi'an Qujiang International Conference Center

设计单位:苏州美瑞德建筑装饰有限公司 / 设计:周达、王东方 / 参与设计:王韬、刘媛、韩晓云、袁晓春、金鑫、唐世斌 / 面积:76000 m^2 / 主要材料:木拉米拉防火装饰板、软膜、石材、软包 / 坐落地点:西安曲江 / 完工时间:2011年12月 / 摄影:潘宇峰

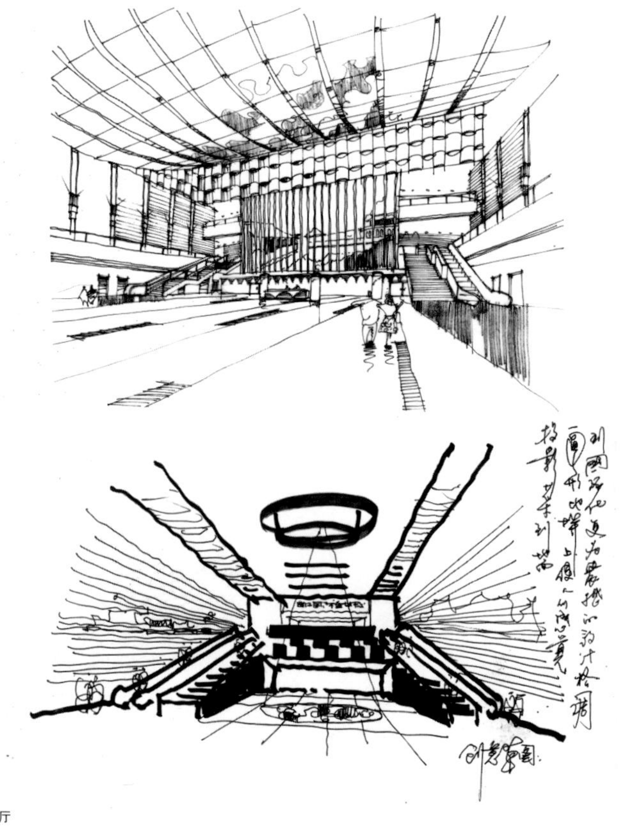

1. 大厅
2. 多功能厅
3. 宴会厅
4. 公共卫生间

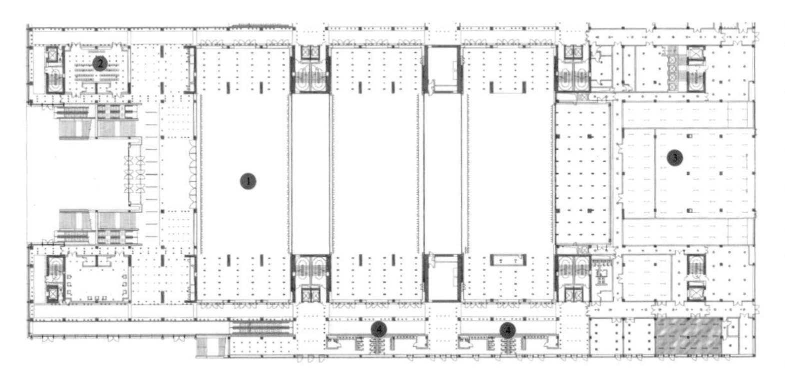

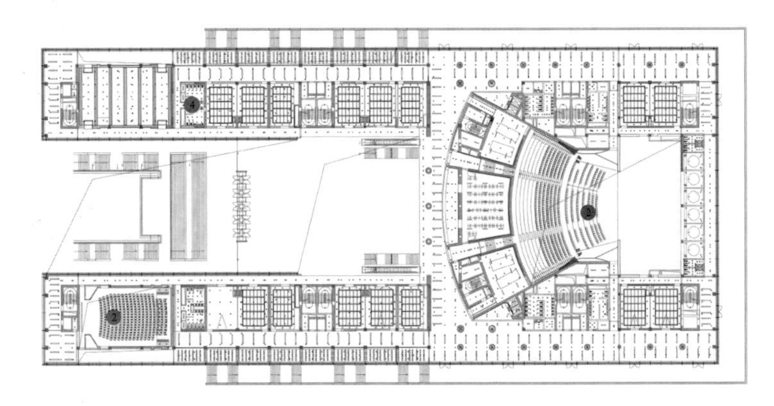

右1 会议中心入口

2011年，一座熠熠生辉的宏伟建筑——曲江国际会议中心，树起了中国大型专业会议中心建设新标杆。

曲江国际会议中心位于曲江新区，总投资10.9亿元，总占地面积42亩，总建筑面积76000m^2。

国际化、时尚化、专业化的设计理念，高水准、严标准的施工建设，新颖、实用、高端的内部装饰，集纳了当今建筑科技最新成果，许多工艺和设备都是首创，共同呈现一个城市新地标。

建筑设计是由德国GMP国际建筑设计有限公司负责。内部装饰延续建筑设计呈现的简洁、时尚、端庄、大气的特点，同时凸显中国特色和地域文化元素。会议中心充分考虑现代化会议的使用需求，设有2000人大礼堂、国际会议厅、新闻发布厅等规格大小不等的会议室40余个，配备了国际一流的电子投票系统、讲稿提示系统、语音视频共享系统、同声传译系统、会议直播系统、标清数字监控系统和会议服务管理平台，为国际性、国内大型会议的举办提供了一流的硬件和功能保障。

西安曲江国际会展中心有五大设计技术亮点：

第一，功能最强大、集约度最高的会议中心。
曲江国际会议中心的内部功能设计为西部第一、国内领先、世界一流，仅用了42亩土地，76000m^{2}建筑面积，就实现了堪与270000m^{2}的广州白云会议中心，110000m^{2}的上海国际会议中心、270000m^{2}的北京国际会议中心相媲美的强大功能，涵盖了几乎所有的会议需求，集约程度可谓国内一流，集大中小专业会议、演出、展览、比赛、餐饮和大型活动功能于一身。

第二，无柱型大空间设计，全国屈指可数。
作为西部地区最大的国际会议中心，一层的大空间无柱型多功能大厅让人惊叹。大厅宽度为54 m，长度为108 m，面积为5832m^2，整个空间采用无柱设计。大厅采用机械滑动式隔墙，根据不同用途，进行纵向、侧面分隔，可举办婚宴及大型酒会，极大程度的提高和丰富了会议中心的功能。

第三，木拉米拉装饰, 全国首创。
会议中心采用木拉米拉新型复合材料，国内首创。以承重的不锈钢背板、中部的吸音材质以及反射作用的轻质复合圆柱部件立体结构装饰，面积达2000m^2，达到吸音和分散反射作用，产生良好的空间声场效果。现已申请国家专利。

第四，节能技术，示范引领。
会议中心体量巨大，能源消耗同样惊人，必须在建筑设计之初就广泛采用节能新技术，从空间照明、供热、采光、通风等各个能源消耗环节综合考虑，节能降耗技术得到充分利用，堪称节能新技术的典范。

第五，LED大屏，国内领先。
室外设计了两块高清大屏，单屏面积为103m^2，主要用于会议对外视频直播及影像播放，是会议中功能设计上的核心亮点之一。国内大型公共建筑中多处运用LED大屏，但多为标清屏幕，高清大屏因组装拼接技术要求高，极少采用。

曲江国际会议中心室内装饰设计结合国际前沿技术，整体呈现出庄重、典雅和浓郁的文化魅力，为曲江的建设创造了又一个奇迹。

曲江国际会议中心
NATIONAL CONVENTION CENTER

左1 会议中心入口
左2 极具设计感的灯凸显出中国特色
左3 空间的设计极显庄重、典雅和浓郁的文化魅力
右1 大礼堂

东湖国际会议中心 East Lake International Conference Center

设计单位:南京测建装饰设计顾问有限公司 / 设计:刘延斌 / 参与设计: 郑军、田耀 / 陈设设计: 刘延斌 / 面积:68000 m² / 主要材料:金影木、球形桃花芯、树榴、枫影木、莎安娜、木纹石 / 坐落地点:武汉市武昌区东湖路 / 工程造价: 2.5亿元 / 完工时间:2011年12月 / 摄影: 文宗博

建筑形态的多变给室内空间带来了活力和与众不同。业主希望拥有一个现代的会议型酒店，设计师在此基础上通过现代手法融合了青铜纹样、凤鸟、竹简这些传统元素，以体现当地独特的地域文化。

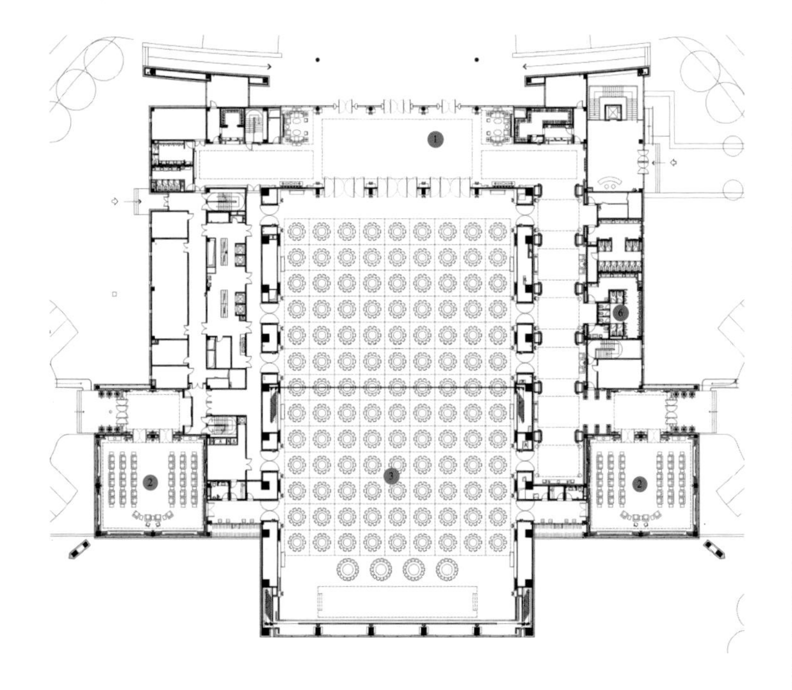

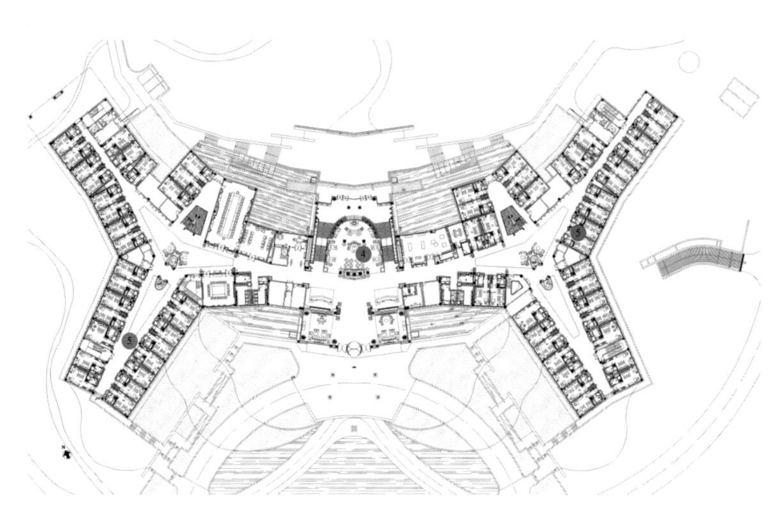

1. 大厅
2. 会议厅
3. 宴会厅
4. 休息区
5. 客房
6. 公共卫生间

左1 高挑的空间
左2 墙面鲜艳的立体装饰
右1 楼梯

左1 色调丰富的公共区域
左2 墙面竹简带来浓厚的文化气息
左3 金色镂空屏风富贵雍容
右1 就餐区
右2 端庄大气的会议室

本色酒吧广州店 True color

设计单位:深圳新冶组设计顾问有限公司 / 设计:陈武 / 面积:1500 m^2 / 坐落地点:广州沿江路 / 完工时间:2011年5月

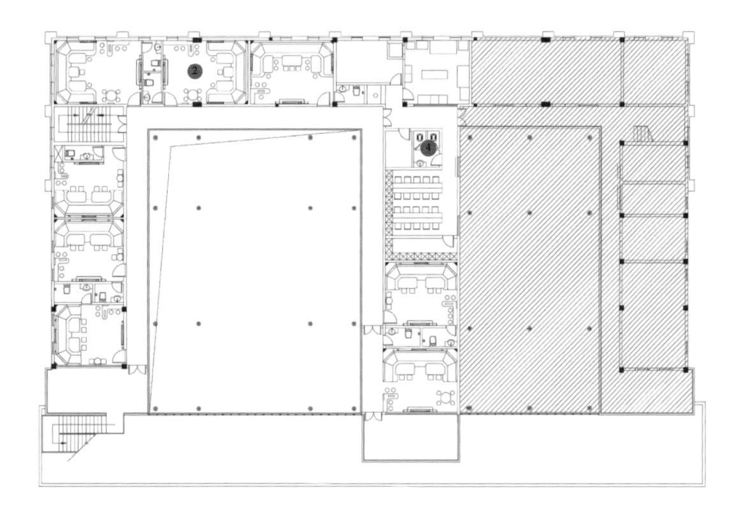

1. 公共区
2. 包间
3. 休闲区
4. 卫生间

冰与火的“水泥控”

在都会里，时尚娱乐空间是夜间的城市光谱，它们点出了城市繁华所在，也是初探当地娱乐文化的窗口。True color将音乐表演与性感华丽的享乐氛围引入新的模式，凭借着独特的感官享受与第三代酒吧模态获得业界回响，成为广州的夜时尚地标，也带动了当今中国时尚娱乐的风向标。

本色酒吧广州店位于广州沿江路，受项目自身历史建筑所激发的设计灵感，并因应现场的环境与尺度差异，设计师运用更深层再精炼的手法，将空间视为一场大型化妆舞会般不断换装，营造南中国独特的都会雅仕风情。

入口前厅被视为人际触媒，设计师用大面积裸露的水泥和现代素材，将时尚感与艺术性化为空间的重要基因，营造一种若隐若现的张扬，一种不动声色的惊艳。

对于室内空间的形态设置，设计师以“表演事件的型态”作为想象，透过人作为展现音乐之美的载体，其表演方式划分为“被动式无感展演”及“主动式直接演出”，利用空间转化成多重表情的演绎容器，让人置身于环境中会因不同的活动及不同的事件所产生出不同面貌的互动关系。人们随着观赏演出所触发的陶醉神情与即兴摇摆的肢体美态成为空间的重要风景，正所谓人在空间欣赏表演，无形中自己也成为剧中人。

此外，裸露的水泥手法大量运用于空间中。如果说水泥演绎了材质的冰冷，那么混搭风格的家具，则给人以温暖的触感和体验，冰与火在极致中交融。同时新的专业演出的设备，透明荧幕、升降舞台、威亚，结合音乐、视频、灯光表情，给人时时都有新体验的强烈感受，感染着来到本色酒吧的每一个人。将True color的“时尚、艺术、品质、亲切”的设计定义发挥得淋漓尽致。

True color的成功打造，还来源于设计师从投资者、经营者、消费者的角度进行设计定位，并更重要地考虑了项目在管理运营方面的核心要素，因此，酒吧正式运营后，深受追逐时尚潮流的群体青睐，使本色酒吧在同业中备受瞩目，成为设计提高商业价值的成功典范。

左1 室外繁荣的夜景
右1 大面积裸露的水泥和现代素材上演惊艳

THEME
AURANT
Fashion
True
Band
HouseClub
MUSIC
Party
THEME
Live
COLOR
Fashion

左1 声光电营造出强烈的舞台气氛
左2 枯树枝和金属鸟笼带来了后现代气息
右1 长长的光带隐藏在沙发后面
右2 混搭的家具性感而华丽
右3 温暖的灯光

“梦”俱乐部 DEARM CLUB

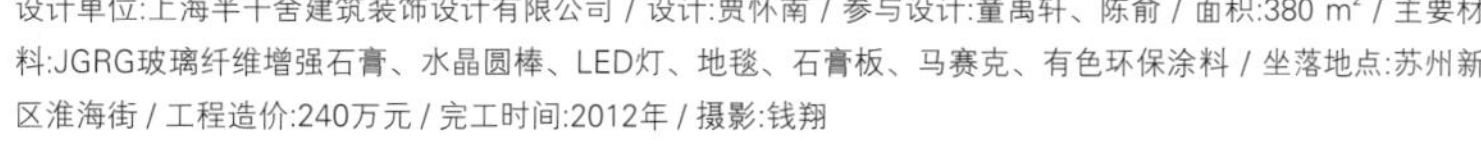

设计单位:上海半千舍建筑装饰设计有限公司 / 设计:贾怀南 / 参与设计:童禹轩、陈俞 / 面积:380 m^2 / 主要材料:JGRG玻璃纤维增强石膏、水晶圆棒、LED灯、地毯、石膏板、马赛克、有色环保涂料 / 坐落地点:苏州新区淮海街 / 工程造价:240万元 / 完工时间:2012年 / 摄影:钱翔

红与黑，明与暗，虚幻与现实，浪漫与庄雅，从蜿蜒的路径，走进“梦”的开始，这就是“梦”俱乐部。

据说，红与黑是人进入梦境后最易感知到的两种颜色，这种色彩基调带给我们的不只是视觉上的冲击，更是闭上双眼后，深层的内心感悟。试想，如果能在觥筹交错中重拾梦境的体验，那将是多么难忘的一次派对啊！

利用光影的投射和掩映，借助室内布局结构与立面的质感，来呈现更富变化的明暗色调，从而拼接构建成不同纬度的艺术化的临界面，“交织”出富有设计感的曲线，给人一种神秘的空间感和探知欲，或许每一丝纹理，都是一条线索，引领我们去溯源设计师的灵感之始。

回廊中繁星点点的装饰灯、映照美陈花卉的壁灯，营造出了“灯火阑珊处”的婉约；大厅纤细的柱状顶灯，冰凌般垂直倒挂于上空，给人“更出落，星如雨”的动态感；包房中隐匿于沙发、吊棚的灯，用光晕为每一个空间勾勒出唯美的弧线。

附着于墙体表面的立体花冠装饰；嵌于筑壁中高贵清雅的水培鲜花卉；以及沙发座椅、靠垫、地毯的花型纹理……错落有致的分布，主次和谐的陪衬，以“花”为核心的装饰元素贯穿整个室内设计，联系了各个空间单元，点缀了简明的室内设计构架。加之吧台四周高脚椅背上的“右眼”，在访客的心中形成了“注视与被注视”的目光感受，似乎在传递着彼此的洞察……

樱花意象，烂漫幽然，异度空间，无尽遐想。以“梦”的名义，去体验一种Club的别样氛围，您意下如何呢？

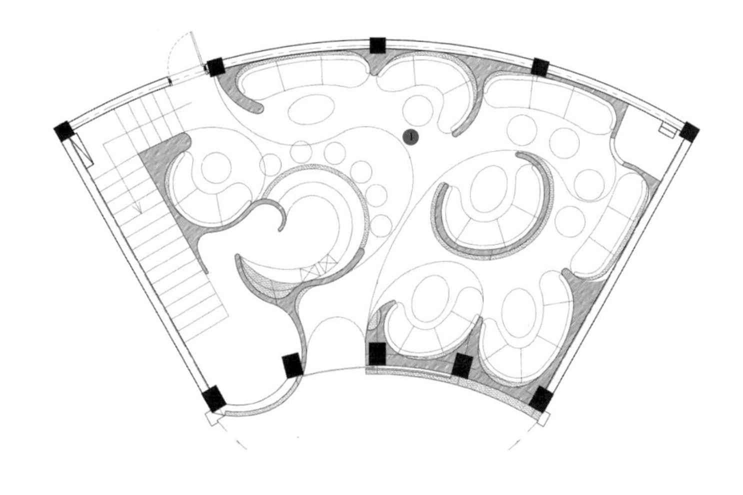

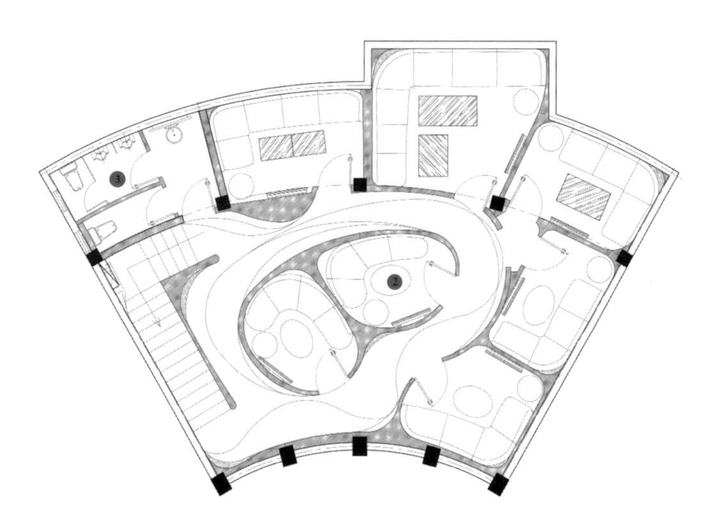

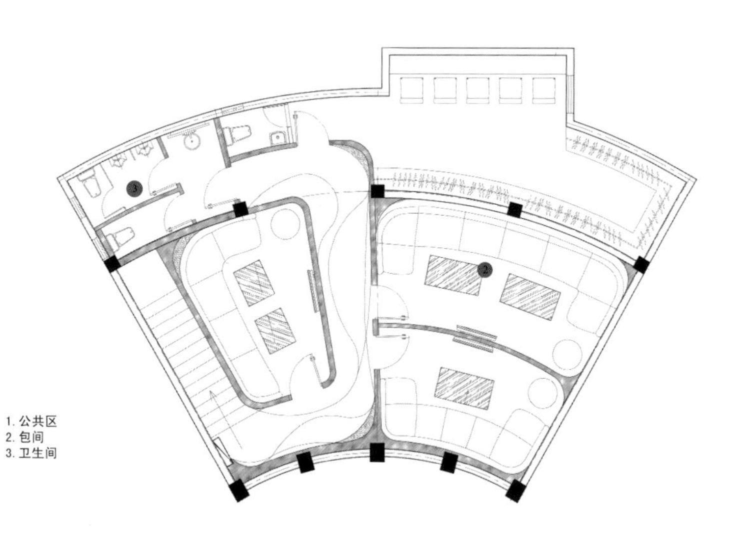

1. 公共区
2. 包间
3. 卫生间

左1 弧线优美的长廊
右1 大厅纤细的柱状顶灯

左1 富有戏剧感的红色
左2 红色光线中分外妖娆的花卉
右1 花卉是核心的装饰元素
右2 黑夜中的繁星点点营造神秘氛围
右3 红色的洗手池

茶室 Tea House

设计单位:厦门环亚设计 / 设计:李学锋 / 主要材料:红砖、木材 / 坐落地点:厦门湖滨北路 / 摄影:李学锋

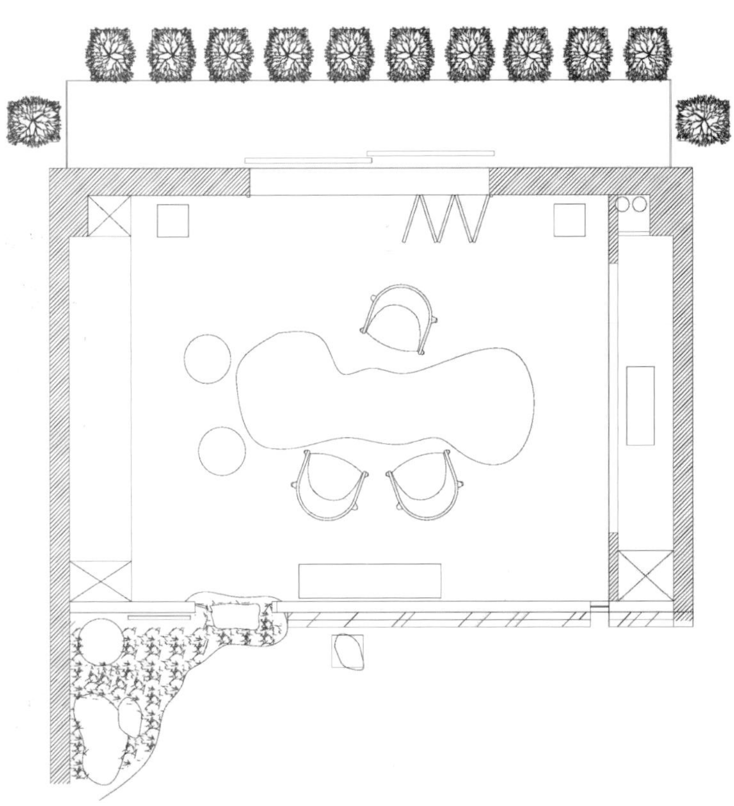

茶禅

茶承禅意，禅存茶中，品茶就是感悟人生，享受生活。有诗说："闲观叶落地，静坐一杯茶。"这是人生的享受和感悟。因此，一直以来都想着要拥有一件独立的茶室。在茶室品一壶清茶，赏几把老壶，这便是独处的至上幸福，更是禅意人生的美妙享受了。所以近期将公司二层东面的房间改为茶室，以圆此梦。茶室设计以"静气"、"闽南印象"来展开。

"静气"是"禅味"最本质的表达。清代大画家王翚和恽寿平早已断言："画至神妙处，必有静气……画至于静，其登峰矣乎。"就是将"静气"作为绘画之事的美学最高境界。

空间如何表现静气？一是简化造型，使空间达到最为简洁的形式。删尽繁华，才能见其精神，达到艺术最高境界。所以茶室设计都以最简洁的形式来加以表现，如平折的天棚均采用15×45的深色木条栅。墙面则选用40×220的条砖工字缝铺贴。地面为黑色石材。二是单一材质的阵列有助于形成空间的一种韵律从而产生一种禅味，如木条栅的排列、长条墙砖工字缝铺贴所产生的韵律感。三是朴素的材质，自然的往往是朴素的，发自本性的常常是最宝贵的。茶室的主材以自然原木，红色清水砖，自然纹理的黑色片石来体现这一理念。

闽南人对红砖有着独特的偏好。闽南建筑及内墙的主立面都会采用红色清水砖，并花尽心思镶接图案，展现红砖精美的一面。

本次茶室设计也顺应了这一个习俗以体现对闽南本土文化的尊重。

左1 竹节的引入营造自然风味
右1 大面积使用的红色清水砖

左1 古色古香的木质桌椅
左2 造型别致的墙洞
右1 朴素的黑色地砖
右2 暖黄色灯光适宜冥想
右3 收集的各色茶具
右4 一罐简单的植物也自有一股飘逸的禅味

方糖量贩KTV Funny Time KTV

设计单位:北京建极峰上大宅装饰西安分公司 / 设计:王永 / 面积:3000 m² / 主要材料:雅士白石材、黑木纹石、灰木纹石、布纹石、防火板、玻璃砖、皮革硬包、灰镜、茶镜、钢化玻璃、亚克力、钨钢、不锈钢、乳胶漆、LED灯 / 坐落地点:西安 / 完工时间:2011年12月 / 摄影:张小明

本案以“健康、时尚、欢乐、高雅”为设计核心，努力打造一个释放情感、驱散都市生活压力的惬意之所。

最大的设计特点是摒弃了以往夜场妖娆、神秘、昏暗的空间氛围，而注重端庄、高贵气质的营造。公共区域大量运用雅士白石材及灰镜，这样白与灰的色系表现一种时尚、健康的感受。娱乐空间的设计要注意其多元性的表达，设计师在满足多重空间需求的同时，通过对空间节奏、序列、层次的处理，塑造出意境美好而高雅的放松环境，把各个空间融入其中，整个空间设有量贩区和商务区，满足不同人群的需求。

左1 明亮的大厅带来迥异的夜场感受
右1 优雅的紫色

左1 墙面六角造型别致新颖
左2 通透的空间
左3 柔美紫色健康而柔美
左4 包间内
右1 电梯厅
右2 立体的墙顶面造型富有趣味
右3 富有层次的顶面处理

瑞Spa Rui SPA

设计单位:哈尔滨唯美源装饰设计有限公司 / 设计:靳全勇 / 参与设计:曹莉梅 / 面积:800m² / 主要材料:玉石、木材、质感涂料、茶镜 / 坐落地点:哈尔滨市道里区友谊路379号 / 完工时间:2011年11月 / 摄影:张奇永

1. 接待区
2. 包间
3. 休闲区
4. 卫生间

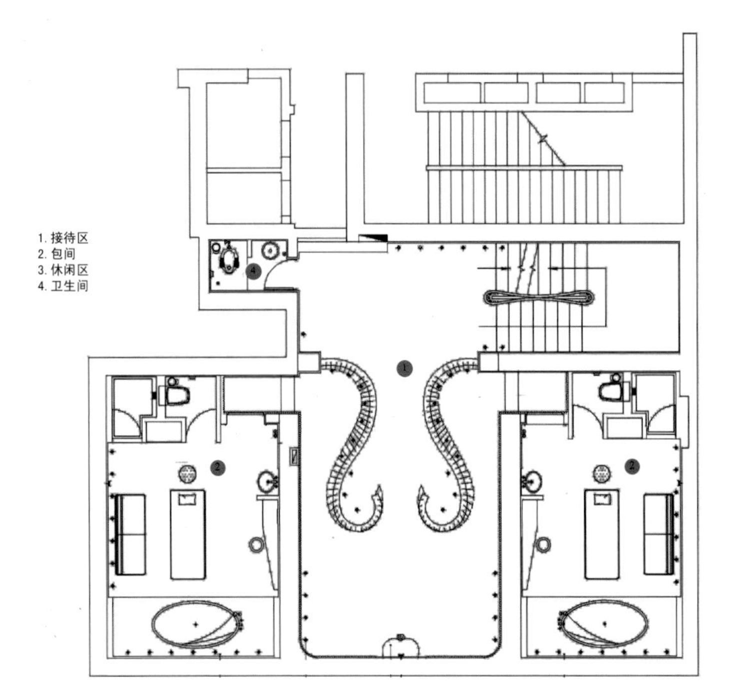

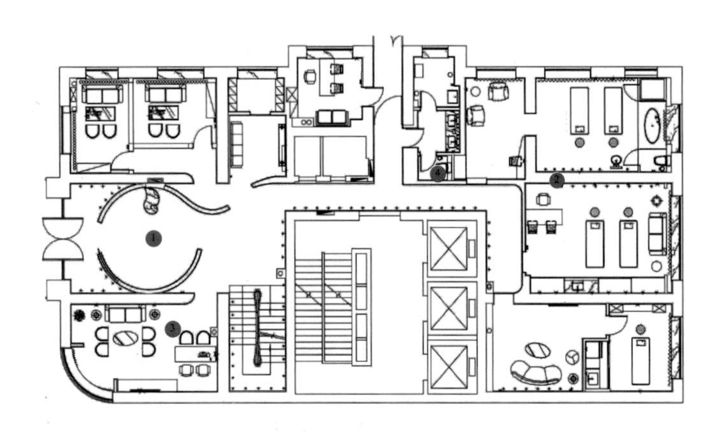

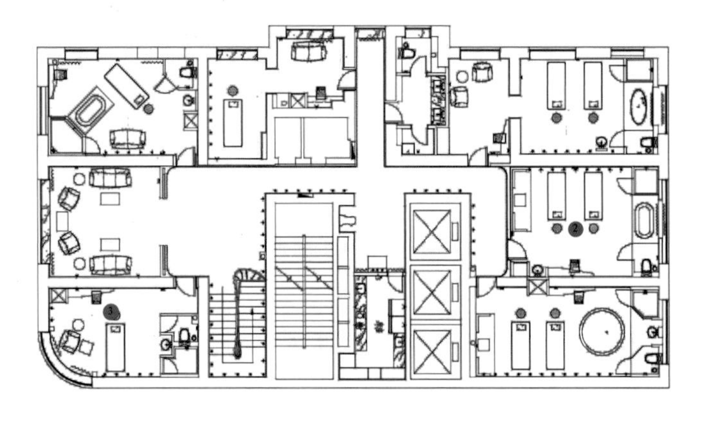

室内空间简洁、明快，给人以烛光般照明，温馨、自然的感觉。公共空间墙面、地面采用天然的玉石与半圆木线相呼应，配合棚面，水晕般的肌理，体现人与自然的完美融合。

二层走廊中部的马头雕塑与地下的马尾雕塑，通过云雾般的铁艺楼梯栏杆相连结首尾呼应，使其三层空间连为一体。这种巧妙的结合，不仅提高了SPA 的档次，又让消费者对这个地方顿生好感，也让这SPA有了标示性。

笑谈“神马都是浮云”，放下手中繁琐事，短暂的远离都市的喧嚣，让身体与心情好好地放个假，尽情享受SPA带来的轻松、愉悦。让消费者恢复工作时更能积极的投入！

左1 入口处
左2 有趣的马尾雕塑

左1 点状和带状光烘托出温馨的氛围
左2 烛光般的照明
左3 水波纹图案的顶面契合“SPA”
右1 休息区一角
右2 玉石水晕般的肌理

北京Agogo KTV悠唐店 U-town Shop of Beijing Agogo KTV

设计单位:汤物臣·肯文设计事务所 / 面积:4912 m² / 主要材料:黑海玉石、罗曼金石、铜、木纹防火板、工艺玻璃 / 坐落地点:北京朝阳区朝外大街三丰北里2号楼悠唐生活广场

1. 接待区
2. 包间
3. 休闲区
4. 办公区
5. 卫生间

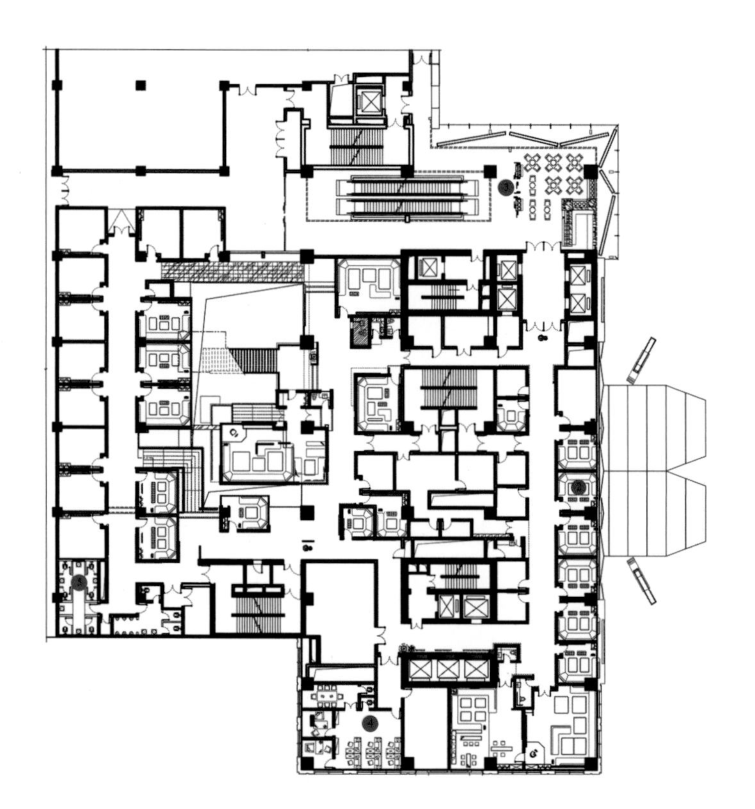

北京，中国的首都，是一座悠久的、拥有深厚历史文化的古城，同时也是政治、经济、文化、交通以及对外交往的中心，一座传统与现代相互并存的国际都会。

Agogo，作为全国KTV品牌的第二大连锁企业，这是她进驻北京市场的第一家旗舰店。提升品牌形象，增强品牌识别度，加强品牌竞争力，通过旗帜鲜明的品牌设计风格，让Agogo品牌从众多竞争品牌中脱颖而出是设计师考虑的重点。

综合考虑本案所处的地理位置和品牌形象的需求，设计师更加注重文化的传承与国际性风格的接轨。从围棋中提取国际性元素作为设计风格，从围棋的步法中获得灵感，形成包容性、可变性及可调节性的设计理念，让整个空间如同棋子的对弈，相互平衡、相互制约、相互转化，并不断地根据功能形式的改变而变化。

空间设计，打破原有的开敞或幽长的常规设计形式，更多以国际性的风格为主调，在层次细节上运用得更具内涵与深度。从功能区、设计风格上增加包容性，吸引更多不同年龄阶层的人前来消费。

空间布局，仿若棋盘，“棋子”的不同设置使空间产生各种变化。灵活的穿插、组合设计形式使客人在空间里转折，仿若游动，形成“娱者亦娱”的丰富视觉层次，使感官及行为体验得到多维角度的景致。

设计师集中把握“科学、合理、以人为本”的核心理念，并深层次挖掘消费者的心理行为及消费习惯，设计不同的人流动线及管理区间，实现对不同的消费人群、不同的消费时段进行科学的分段管理与经营，从而使项目更具经营性。

左1 悬浮的圆形金属装饰
左2 大堂
右1 璀璨的巨型吊灯

左1 金碧辉煌的走廊
左2 顶立面的立体造型
右1 仿若棋盘的空间穿插布局
右2 KTV包间
右3 通透的木栅栏隔断

凰茶会 Huangchahui Tea Club

设计单位:大石代设计咨询有限公司 / 设计:张迎军、张京涛 / 面积:750 m² / 主要材料:木纹石、亚麻布、紫铜 / 坐落地点:石家庄市槐安路 / 工程造价:220万元 / 完工时间:2011年7月 / 摄影:邢振涛

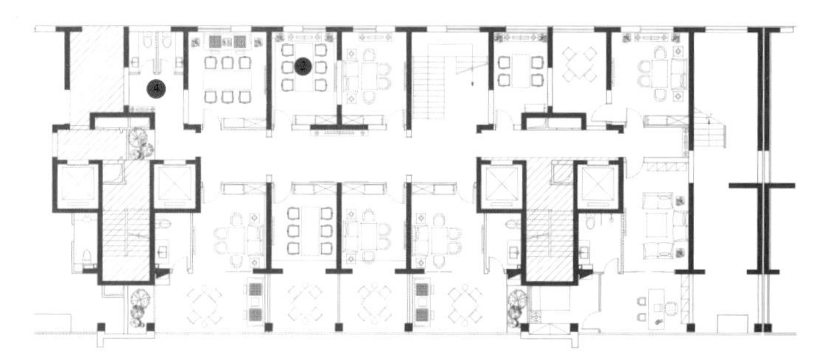

1. 接待区
2. 包间
3. 休闲区
4. 卫生间

一提到茶楼，留在人们脑海中根深蒂固的印象就是灰砖、青石、木雕、木格栅等浓重的传统中式符号，本案的出发点就是颠覆这一传统观念，呈现给客人一个别样的空间感受。

凰茶会是一家专业经营高等普洱茶的公司，为了配合茶品颜色、口感上的特点，设计上将空间的主材和主色调定位在非常素雅的材质，如亚麻布、木纹石材，这些非传统茶楼所用材质营造出了一个素雅的环境大背景。既然要颠覆传统概念，我们就在材质、工艺、表现形式等多方面来进行重塑。

首先，大面积使用的亚麻布这一非常规材料，并对其施工采用侧角硬包的形式，突出其粗料细做的工艺性；其次，本案大量使用了紫铜，其材质本身就给人一种奢华而又内敛的特性，在地面应用上将其与石材拼接，使特性发挥至极致，行走其上有一种别样的体验；最后，其他的中式元素，如家具、屏风也运用现代的不锈钢工艺，将其不一样的中式风韵体现出来。奢华而不张扬、中式而不陈旧、素雅而不平淡，感觉宛若唐诗宋词里的平仄对仗，水墨里的疏、密、留白。动静、大小、远近、虚实，一起延续着古典美学的传奇。

左1 地面紫铜与石材的拼接
右1 雍容华贵的长廊

左1 不锈钢制作的中式屏风
左2 意味悠长的黑白水墨画
左3 小景的布置宛若唐诗宋词
右1 起伏的窗纱和墙面互为呼应
右2 精致的茶具

上海新天地G+酒吧 Shanghai New World G＋Bar

设计单位:杭州山水组合建筑装饰设计有限公司 / 设计:何丹羽 / 面积:2000 m² / 坐落地点:上海新天地 / 完工时间:2011年12月

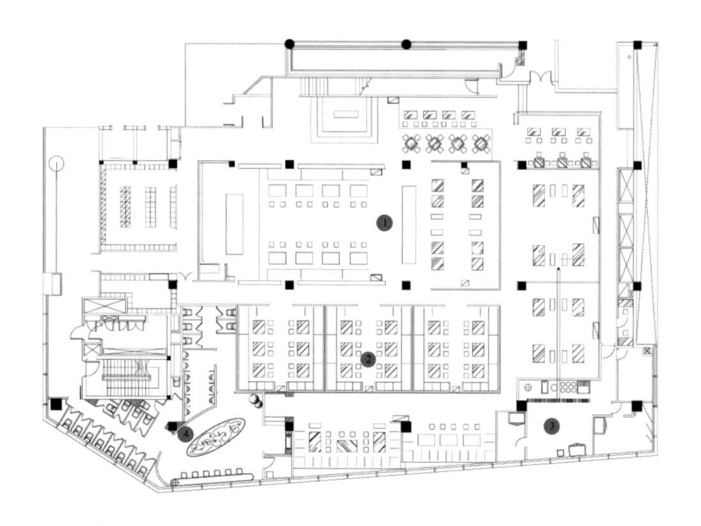

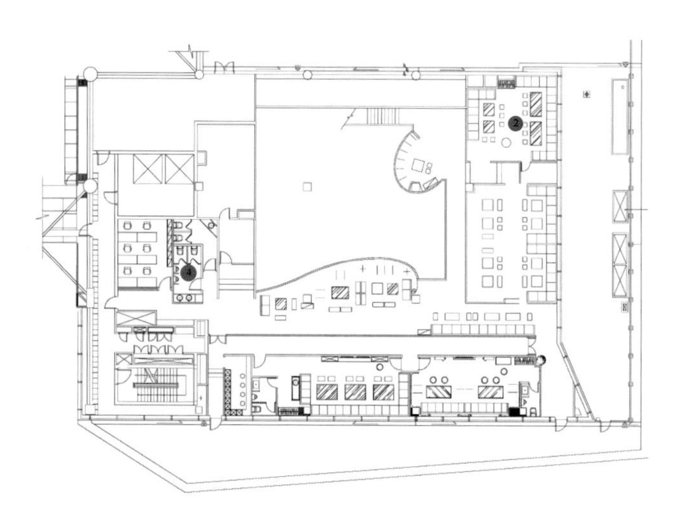

1. 休闲区
2. 包间
3. 操作间
4. 卫生间

右1 玫瑰是场景中的中心内容

100分贝的园林：

在电音酒吧中，无论在里面的客人真实年龄如何，他们都是在寻找一种可以充满时尚感、年轻、活力十足的环境，在这种环境和音乐的环绕中，他们可以游离出日常的循规蹈矩生活，释放身心。因此，在G+的设计中，所有的元素都在为创造出这样一个环境而存在，各种元素的共同作用最终生成了一个年轻的、时尚的、略有魅惑感的夜场。

主题与变化：

G+的主题是玫瑰。当然，在室内，其实没有一朵真正的玫瑰，装饰的面积与数量也并不多，但毫无疑问，玫瑰是整个场景中的中心内容，其他的元素都是由此派生，为此做背景的。玫瑰的主题在这个环境中有许多表现的方法，如镜面玻璃的雕刻，树脂材料的浮雕，金属板的镂空图案等，都或含蓄或直白地传达出这个主题，而另外的一些装饰手法，也是由此引申出的，如皱褶的墙饰面，水滴形的墙面雕塑等。

选用玫瑰这样具体且无定形的东西作为环境设计的主题，似乎并不符合一个现代室内环境的设计要求。但如果考虑到玫瑰所包含的强烈的女性色彩，这样的选择又似乎是极其自然的。玫瑰出现在生活中，总是伴随着生活中的令人喜悦的片刻，总是会意味着在这一刻有女性的存在，并且女性在此时此刻总是处于环境的中心，无论这个环境是具体现实的物理环境还是心理上所认定的抽象环境。G+就是希望强调整个环境的女性氛围。

魅惑感:

音乐酒吧的女性气氛有点像芭蕾舞中的女舞者，始终是视觉中第一要素。虽然在芭蕾中起控制作用的更重要的是男舞者，但最终的表现点却是女性。酒吧气氛与此类似，所有参与者的活动、行为、衣着、言谈最终都有一层外壳，这个外壳就是女性在夜场中的时尚与美丽，室内环境和音乐也是这个外壳中的一个层次。设计中的玫瑰主题是为此而确定的，大片的浮雕花墙也为表现这一点，蕾丝图案的运用更是对女性气氛的强调。在二楼围栏处，采用大面积的穿孔钢板，在钢板上自然运用玫瑰蕾丝图案，给中部的舞池区加上非常具有女性气氛的围合界面。所有的这些元素使用都希望赋予这个环境某种魅惑感，即时尚，妩媚，略有表演性的女性气质。

游园:

整个酒吧大约一亩半大小，面积与一个小的江南园林相当。就像园林设计要求在一个小小的院落中步移景异，步步有景一样，在G+的空间安排与路线规划上也是空间多层次安排，路线环绕丰富。围绕中心舞区，路线基本是环绕多向的，到各个功能点都有多条路径，但没有一条是直线的。空间从入门开始，层层展开，相互贯通而又独立分区，为G+创造了活动的丰富感、空间的层次感。在实际的体验中，希望客人在各个时间和方位都可以感受场内气氛。就像在江南园林中一次游园经历，步移景异，处处有景。只不过，G+是在100分贝的音乐中，在魅惑的女性气氛中，去感受、捕捉异于平常的时尚和活力。

G+
G+
绝对伏特加温馨提醒：
酒后不驾车 精彩有

左1 夺目的浮雕花墙
左2 妩媚的灯光凸显女性气质
左3 围栏处大面积的穿孔钢板
右1 包间
右2 洗手池的弧线表达女性柔美气息

环秀晓筑挹翠堂 Yicui Tea House in Huanxiu Resort & SPA

设计单位:苏州国贸嘉和建筑装饰工程有限公司 / 设计:佘守桂 / 参与设计:郭威/ 面积:500 m^2 / 主要材料:仿旧窄地板、毛面灰色地砖、松木板 / 坐落地点:苏州旺山环秀晓筑 / 工程造价:300万元 / 完工时间:2011年7月 / 摄影:贾立旻

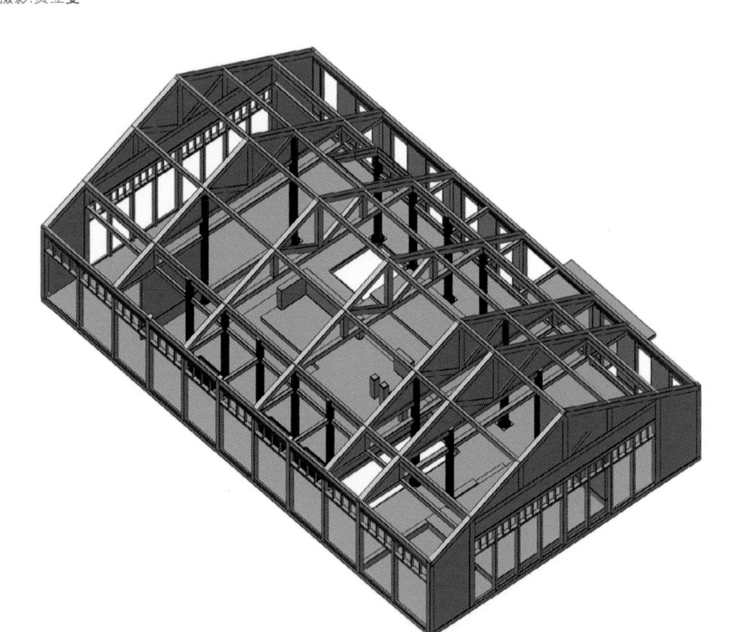

曲水流觞 茂竹修林

本案位于苏州旺山西南山坳的一片茂密竹林之中，自然环境雅致清幽，项目为度假酒店配套的茶室，定性为临时建筑。因此从建筑开始便以“朴、拙”为设计方向，力求最大限度减少对环境的破坏以达到与自然的融合，以原生态的方式演绎茶道氛围。建筑由一个茶室和四个包厢组成。

立意

取《兰亭集序》“此地有崇山峻岭，茂林修竹，又有清流激湍，映带左右,引以为流觞曲水，列坐其次。虽无丝竹管弦之盛，一觞一咏，亦足以畅叙幽情”情境，致力于创造一个追求林泉归隐的士人氛围，意在传递“和、敬、清、寂”茶文化的同时，消解时空跨度，给人以轻松回归的精神慰籍与视觉享受，达到“静扰一榻琴书，动涵半轮秋水”的空间感受。

布局

以“危桥属幽径，缭绕穿疏林。迸箨分苦节，轻筠抱虚心。俯瞰涓涓流，仰聆萧萧吟”古诗为情境，在竹林中依地势起伏及竹林疏密“按时架屋”，自成错落逶迤、曲径通幽的天然之趣。利用原排水渠道作“若为无境”的理水处理，注重茂林修竹与水景结合带给人的视觉感受。运用贴近自然的材料和平实的手法，塑造建筑与环境的雅致朴素、返朴归真，力求人文精神与自然景观达到完美契合，尽力避免人事之功，以期达到宛自天开的视觉感受。

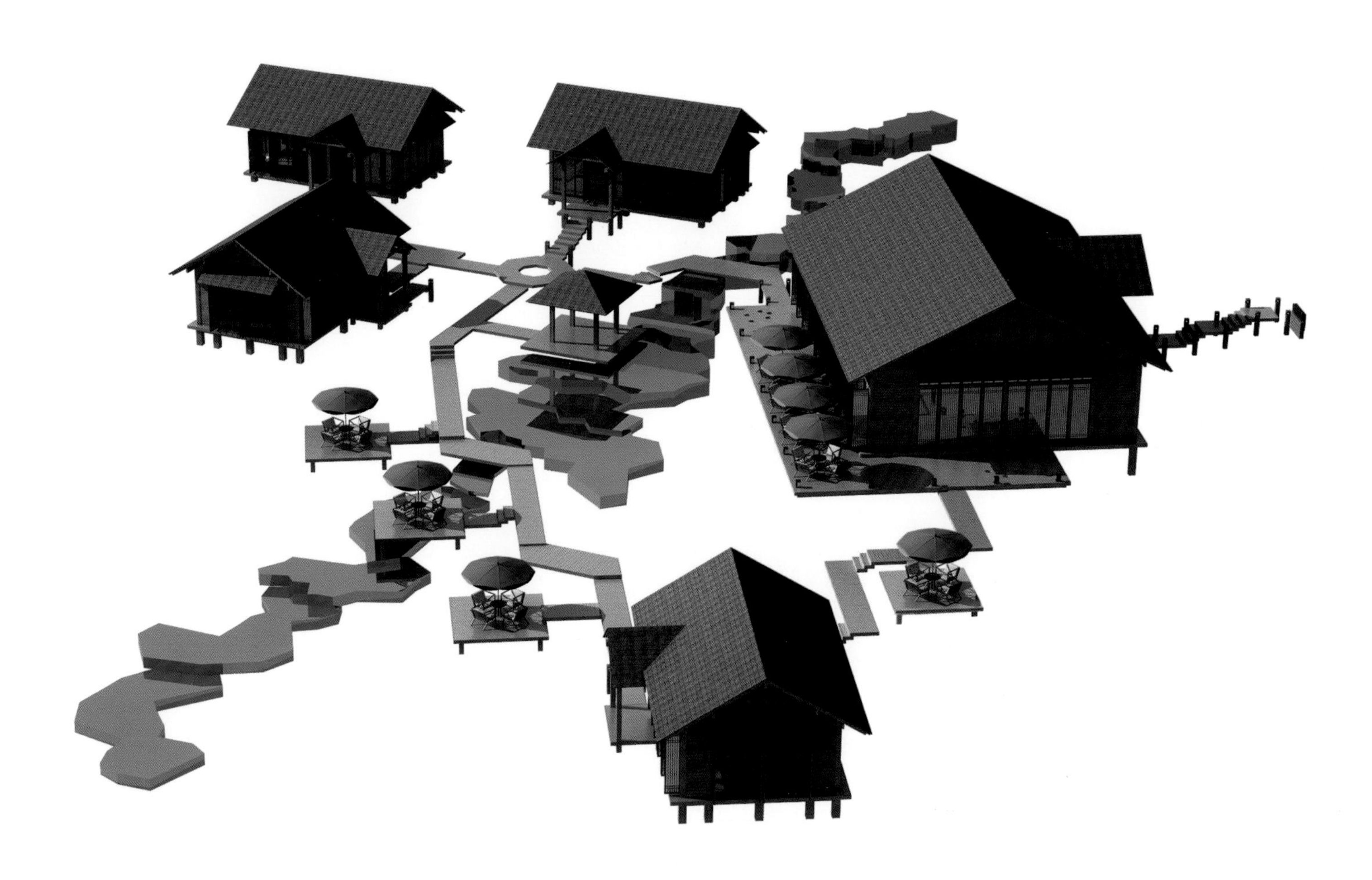

右1 茂密的竹林
右2 和自然融为一体的建筑
右3 幽静的茶室

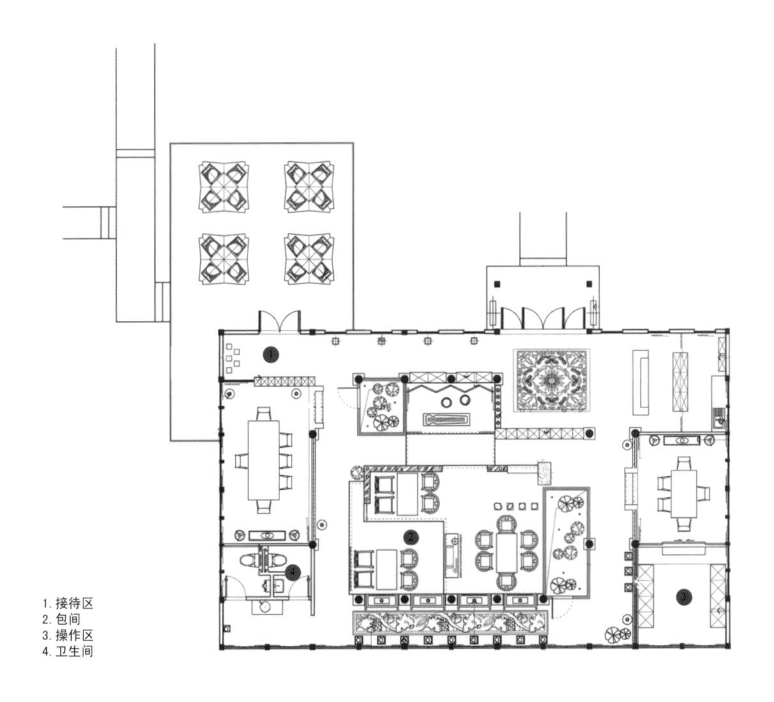

1. 接待区
2. 包间
3. 操作区
4. 卫生间

左1 采用古朴自然的材料
右1 古意盎然的中式屏风
右2 木质斜屋顶带来回归自然的感受
右3 曲径通幽的走廊

左1 茶室一角
左2 室外美景若隐若现
左3 门后的风景好似穿越到了古代
左4 层层叠叠的屏风
右1 返璞归真的室内设计
右2 抬高的屋子富有天然之趣

上堡藏馆 Shangbao Collection Club

设计单位:温州格瑞龙国际设计有限公司 / 设计:曾建龙 / 参与设计:余巧发 / 面积:94 m² / 主要材料:鸡翅木，涂料，仿古砖 / 坐落地点:浙江温州 / 工程造价:20万元 / 完工时间:2011年7月

这个上堡藏馆以收藏紫砂壶为主，同时又带有茶道文化的气氛。主人希望通过这个平台能结识一些志同道合的人群一起来玩壶，做到以茶会友以壶谈论人生。

设计应用了当代东方设计语言来进行空间的表现，在空间里设计了公共大厅展示区以及两个包间。

通过线、面的关系来进行空间结构塑造，从而传递了空间的艺术气息以品位表达，同时代表设计师用一种简单方式来解读当代东方文化的语言。空间的主调以黑白为主色系，木材选择鸡翅木为主饰面板，这样可以更好地表现出收藏品的质感。

作品东方文化气息浓重，整体空间突出以茶会友的特色。

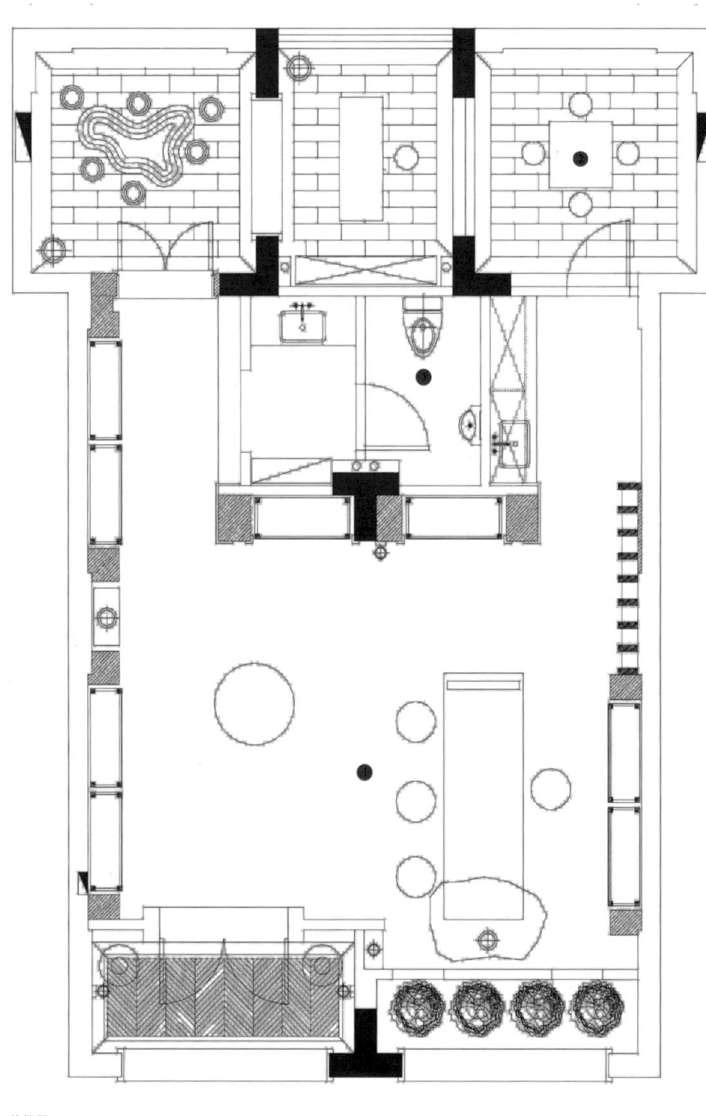

1. 休闲区
2. 包间
3. 卫生间

左1 藏馆一角
右1 上下长条木块相映成趣

左1 玻璃陈列馆
左2 各色藏品
左3 空间以黑白为主色调
右1 通过线和面的关系来进行空间结构的塑造

涟依Spa会所 Lianyi SPA Club

设计单位:厦门三佰舍装修设计有限公司 / 设计:方令加 / 参与设计:李少东/ 面积:1800 m² / 主要材料:石灰石、橡木、硅藻泥 / 坐落地点:厦门 / 完工时间:2011年 / 摄影:申强

涟依Spa是一个简洁、宁静的场所，足以让您沉溺于其中，备感舒适和愉悦。

场所由高度有限的两层构成，运用复古又简洁的造型、墙身及天花的材料延续处理消除低层高的视觉感，从而营造出简单、宁静的城堡空间，让客人来此体验的不只是Spa服务和放松，而是梦的旅行。

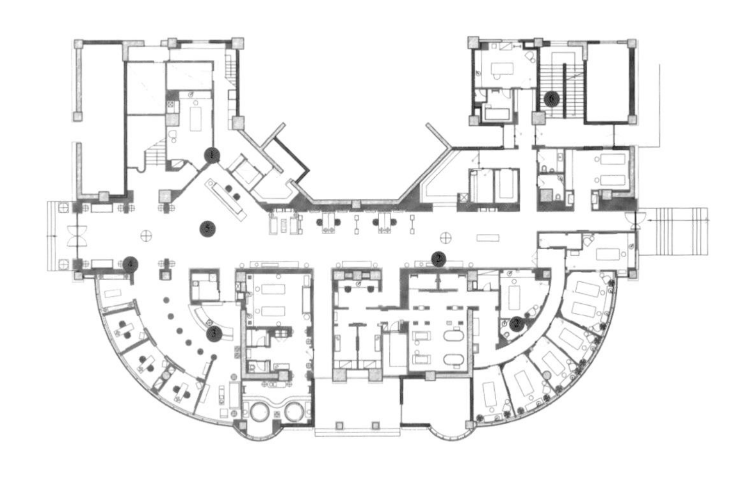

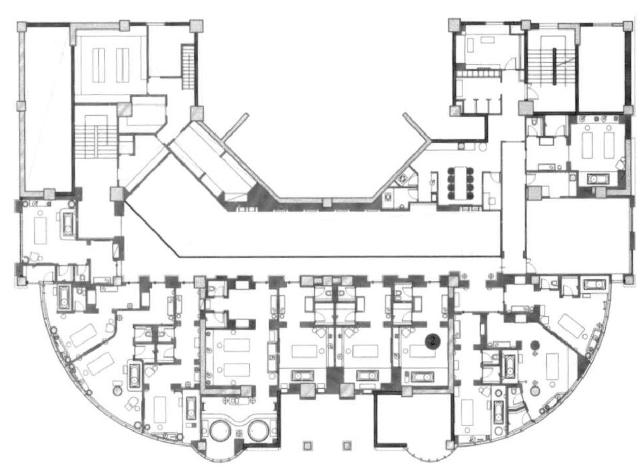

1. 接待区
2. 包间
3. 休闲区
4. 工作区
5. 操作间
6. 卫生间

左1 高度有限的场所划分成两层
右1 天花的三角造型处理

左1 柔和的灯光营造宁静的气氛
左2 做旧的砖块墙面好似来到了城堡
右1 复古气息的廊顶
右2 三角形天花的处理具有连续性
右3 简洁的室内陈设

厦门海峡国际社区原石滩Spa会所 The Palm Beach SPA Club of Xiamen Straits International Community

设计单位:厦门喜玛拉雅设计装修有限公司 / 设计:胡若愚 / 参与设计:赖颖洪/ 面积:3000m² / 主要材料:贝芝石、编织肌理木饰面、红铜、黑钢、原木 / 坐落地点:厦门市 / 完工时间:2011年8月 / 摄影:申强

1. 接待区
2. 包间
3. 休闲区
4. 操作区
5. 卫生间

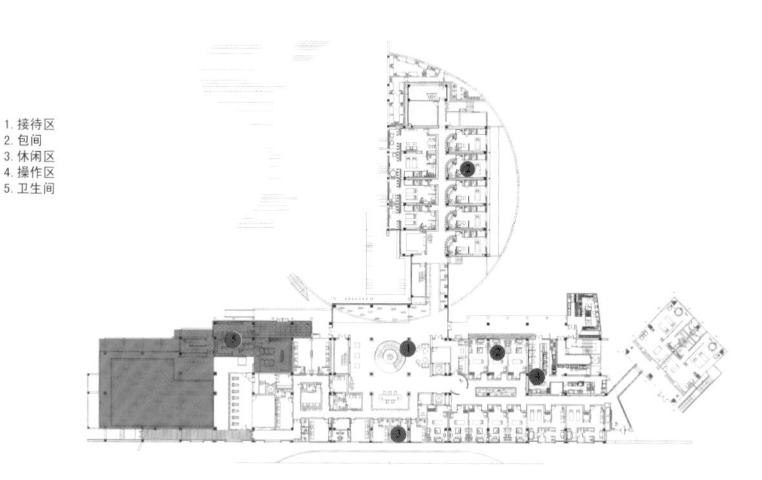

会所定位为高端品位人士量身打造的——放松身心的“桃花源”、躲避风雨的“避风港”。设计上既追求自然生态，应用原木、原石等自然生态材料，营造舒适轻松氛围，而局部又搭配红铜、皮草等材质，再加上精致的细节处理，彰显内敛奢华。风格上在简约的现代构图中，隐约透着东方传统的雅气和禅意。空间布局上在公共部分或通过不断变化聚焦点让空间迂回曲折，或通过放大空间，用距离感来营造私密性。在包间内部采用岛式布局，产生多回路的灵活变化，营造随性、无拘束的空间感受。

由结构柱往上的石皮缝隙中，水流缓缓淌下，干湿浓淡间隐约着水墨意境。不规则排列的圆木倒映于水镜之上，池底星灯摇曳，营造气氛同时又遮蔽包厢间的视线。接待台后则是规则阵列的圆木，反射在天花的灰镜上，更显从容大气。接待台面采用整长厚实木料，浮于底部透光木纹石的光影之上。圆形的红铜管高低错落如芦苇一般，与红铜螺旋楼梯相映成趣。贝芝石仿古面和木饰面的编织肌理，与整体风格相契合。

左1 宽敞的走道
左2 入口处接待台后规则排列的原木
右1 形似芦苇的装置围合起一个个私密小空间

左1 红铜打制的螺旋楼梯
左2 舒适的休憩区
左3 迂回的公共空间
右1 富有冲击力的整幅背景墙
右2 顶面和地面的条纹状相呼应

瓦库7号 #7 Waku Tea House

设计单位:西安电子科技大学 / 设计:余平 / 参与设计:马喆、董静、哈力申/ 面积:1200 m² / 主要材料:瓦、砖、乳胶漆 / 坐落地点:河南洛阳 / 工程造价:450万元 / 完工时间:2011年12月/ 摄影:苏小糖

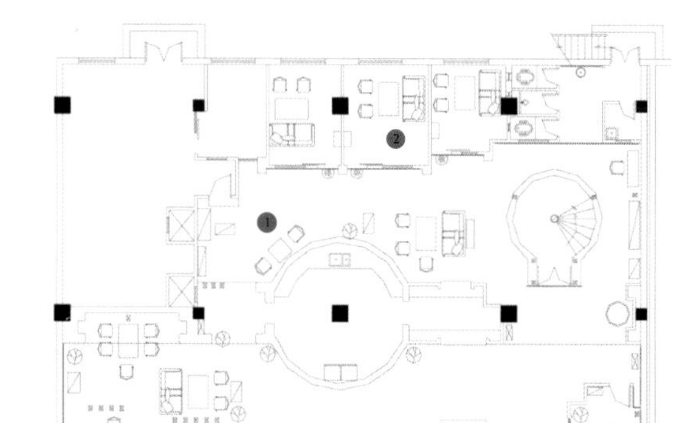

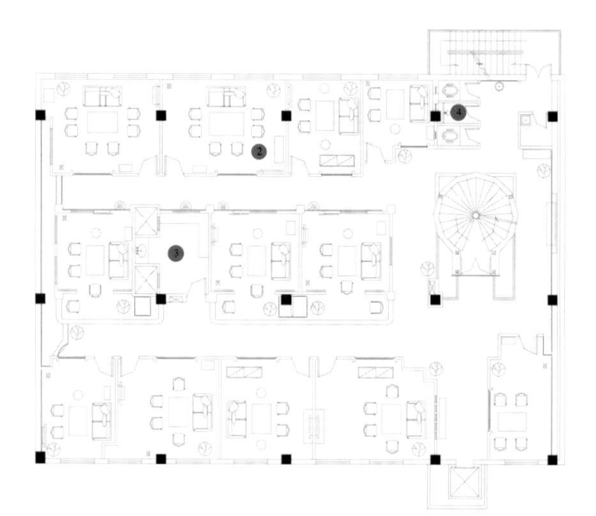

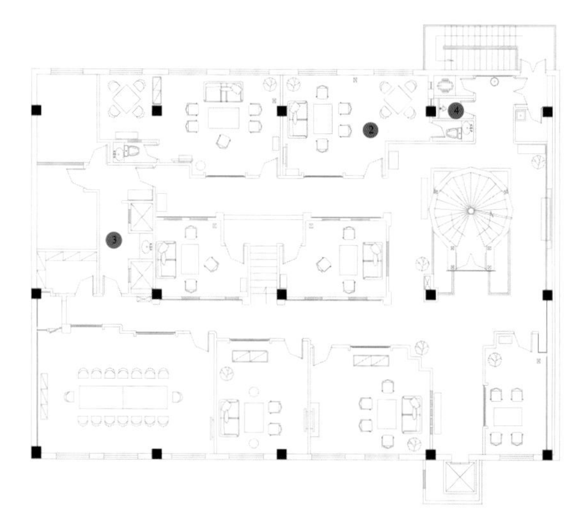

1. 接待区
2. 包厢
3. 操作区
4. 卫生间

瓦库，一个喝茶的地方。

瓦库7号又是一次瓦的集结。位于洛阳市新区，建筑分为三层，共1200m²，开窗为东西朝向，每扇均可打开。“让阳光照进，空气流通”是瓦库设计坚守的核心理念。将大自然的阳光、空气提供给每一天到来的客人是本案设计解决的重点。主材为旧瓦、旧木、沙灰墙等可呼吸材料，让室内空间穿上纯棉的内衣，它们接应着阳光、空气构成与生命情感的对话。对流窗与吊风扇的结合，加速室内气体吐故纳新的循环作用。空间组织在完成商业流线的前提下，最大化解决自然光和空气的流动，即使是座落在远窗角落的房间也力求让阳光空气自然穿行其中。瓦库用每一片瓦的行动向低碳生活致敬。

左1 可呼吸的沙灰墙
左2 茶楼古朴的外观
右1 这里当然是瓦的集中地

左1 契合粗犷设计风格的仙人掌植物
左2 明亮的阳光洒入室内
左3 楼梯
左4 局部的照明

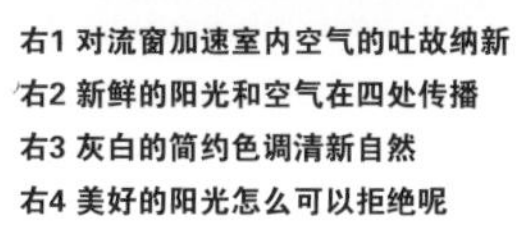

右1 对流窗加速室内空气的吐故纳新
右2 新鲜的阳光和空气在四处传播
右3 灰白的简约色调清新自然
右4 美好的阳光怎么可以拒绝呢

西安世园会魔石乐园 Xi'an World Horticulture Expo Charming Stone Paradise

设计单位:上海善祥建筑设计有限公司 / 设计:王善祥 / 参与设计:李哲/ 面积:1040 m^2 / 主要材料:毛石砌筑墙、现浇混凝土、钢结构、耐候钢板、水泥砂浆 / 坐落地点:西安世园会园区 / 完工时间:2011年5月 / 摄影:三手

魔石乐园是西安世园会里的一个小场馆，位于园区东南部。

这是一个什么场馆？一开始，游客都不知道。在河滩、海滩随处可见的卵石，除了铺路、景观使用，还能干什么？在来魔石乐园之前也都不知道。

魔石乐园项目是在离西安世园会开园只有2个月不到的时间里才最终被批准确定下来的。这里有一个高压电线架的基础墩子，园区要求把它利用起来。这墩子是约20年前的构筑物，远看不大，近了才知道它是一个直径约40 m，高度6m的石砌圆形构筑物，很像一个小城堡，里面全是土。后来施工期间，大家都叫它“石堡”。此时，距离开园只剩不到两个月时间了！如何利用这个废物“堡”？难道是把里面的土挖出来，再在上面盖个顶，变成一个建筑物？没错，就是这样。建筑改造方案的设计按照这一思路抓紧进行。

建筑的功能，其实里面就是一个“玩”石头的场所。里面大致分为三个功能区域。第一个区域是参观区，可以欣赏奇异的天然卵石，和一些艺术家、游客经过绘画等艺术处理的卵石作品展示。第二个区域是商店区，购买一些和石文化有关的纪念品、工艺品。第三个区域是创作区，也就是魔石乐园的核心区，游客必须在参观完前面两个区域后再重新进入才能参与其中。乐园的中心区是一个室内卵石滩广场，游客随意挑选卵石，然后在创作台上用乐园提供的特殊颜料进行绘画创作，任意发挥。此时此地，谁都可以是一个艺术家！创作完成的作品游客可以自己带走，也可以留下供后来的游客欣赏。其乐无穷！

建筑设计增加了一个锥型屋顶，上面有天窗，屋檐下也有侧窗，为室内提供天光照明，尽量减少人工照明的能耗。粗放外围石墙被完全保留下来，承托着轻快的锥形屋顶。屋顶原设计采用干挂不规则板岩，由于时间不够，被迫改成了沥青瓦，无奈少了很多韵味！几个出入口采用了耐候钢板装饰，与石墙的厚重协调起来。由于夜晚照明的设计过于强调，尤其是外立面的灯具在白天对建筑的外形产生了破坏，也是个不小的遗憾。

然而，在改造实施过程中，却并没有那么想当然和自然！当里面的土快要完全挖出的时候，才发现石墙原来是向内侧倾斜的，凹凸不平，有的石块甚至要掉落。由于原来的土取出，石墙与其之间的应力没有了，摇摇欲坠，必须进行结构加固。于是，赶紧请了西安本地的建筑设计院进行了结构加固设计。同时还设计了屋面、夹层及入口等的钢结构，室内也进行了比较简单的设计。经过日夜抢工，最后，建筑仓促改造完成。终于在世园会开园一个半月后开馆了。游客们对建筑形象众说纷纭，有人说像外星飞碟，有人说像福建土楼，有人说像个大粮仓等等，设计师认为：它像一个魔石乐园。

不负众望，好奇的游客争相排队参观与参与创作，有几天排队人数甚至超过了世园会主题建筑长安塔的人数。

一天，设计师在参观过往游客留下的作品展示时，发现一块卵石上用非常专业的篆书字体书写了四个字：玩石可乐。

右1 绿树掩映下的魔石乐园
右2 优美的湖景
右3 粗放的外围石墙

左1 五彩斑斓的长廊
左2 锥形屋顶提供了自然光的照明
左3 游客可自由挑选卵石进行创作
右1 锥顶下侧面的窗户
右2 轻盈的玻璃观景台

乔治Spa George SPA

设计单位:杭州山水组合建筑装饰设计有限公司 / 设计:胡泽 / 面积:900 m² / 坐落地点:杭州市体育场路 / 完工时间:2012年4月

乔治养生是乔治发型旗下高端养生会所，它是中式新古典风格在现代意义上的完美演绎。在空间上富有层次感，同时改变原有布局中等级、尊卑等封建思想，给传统文化注入了新的气息。运用现代的材质及工艺，去演绎传统文化中的经典，使环境不仅拥有典雅、端庄的气质，并且有明显时代特征的现代休闲文化。

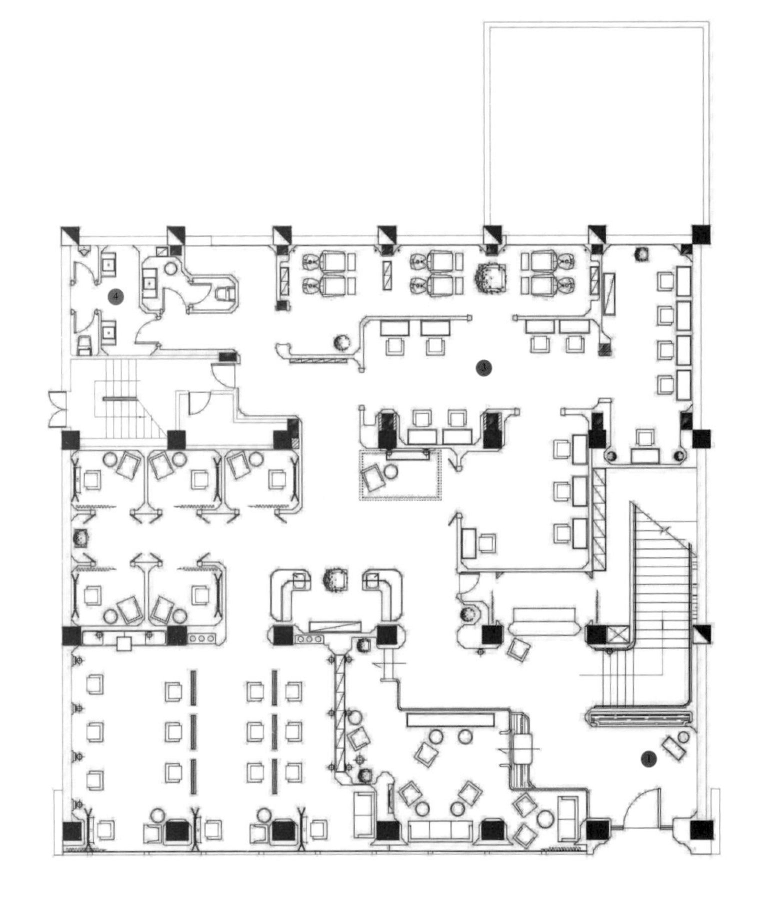

左1 入口处
左2 石制的极有分量感的接待台
右1 富有层次的墙面处理

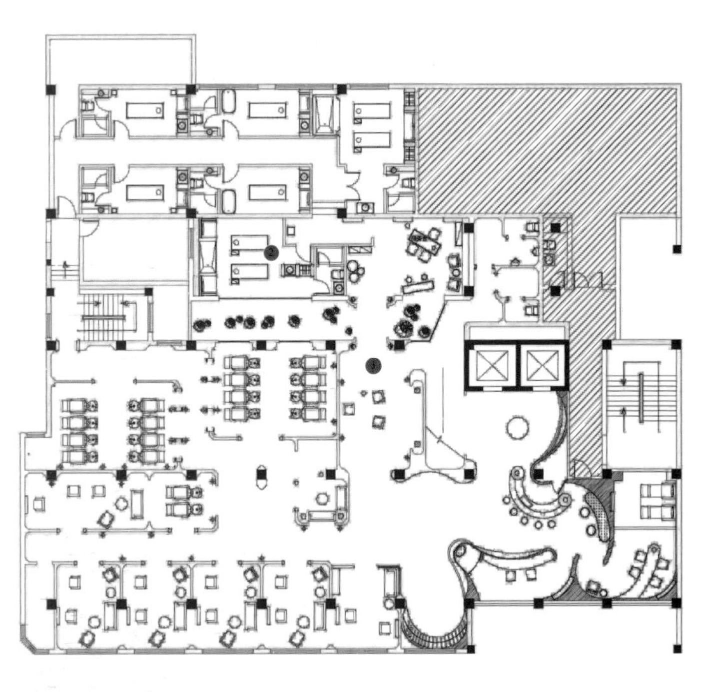

1. 接待区
2. SPA
3. 休闲区
4. 卫生间

左1 茗茶会客区
左2 雅致的包间
右1 具有方向引导性的局部照明
右2 诗情画意的布景
右3 私密的养生场所
右4 恰到好处的灯光烘托

恬咖啡 café TIEN

设计单位:朱永春设计有限公司 / 设计:朱永春 / 参与设计: 俞建宾、唐俊峰、施剑锋、俞允倩 / 面积:600m² / 坐落地点:江苏省南通市 / 完工时间:2011年9月

恬咖啡是一家以供应咖啡饮品为主的餐饮空间，它的前身为某知名品牌的连锁加盟店。秉持“设计就是解决问题”的执业理念，设计师并不局限于某类项目、也不拘囿于室内设计的“专门”服务，而是愿意尝试全方位、多元化的设计实践，并将触角延伸至项目管理和工程实施。这于项目而言利于计划的深度贯彻和品质的整体呈现，于团队而言则是很好的全能训练。恬咖啡即是这样“包办”出来的项目之一。

平衡“迎合”与“引导”的关系，是贯穿项目始终的与设计同等重要的技巧。就如恬咖啡，它可以有更好的“设计相”，但却可能不是理想的“经营相”。今天的结果，恰是两者兼备、平衡折中的产物。未来，根据营业状况，它也许还要不断地调整，这将是设计师继续要和业主一起应对的。

1. 接待区
2. 餐区
3. 休闲区
4. 卫生间

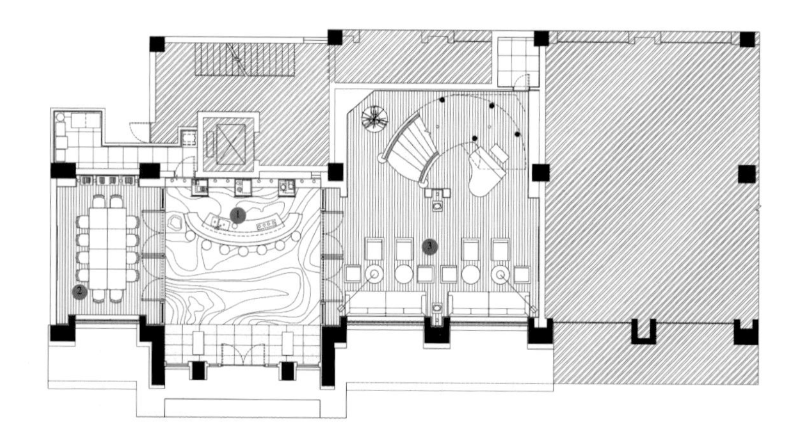

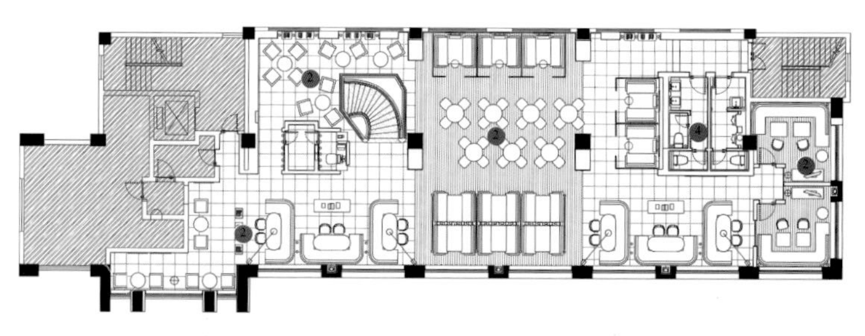

左1 夜色中的咖啡店
右1 温馨的吧台
右2 弧形楼梯

左1 分割空间的屏风
左2 楼梯拐角阅览区域
左3 柔和的圆形桌椅
右1 磨砂玻璃营造相对朦胧的私密感
右2 恬淡的氛围

耀莱新天地奢侈品中心 Burberry Luxuries Center

设计单位:中外建工程设计与顾问有限公司 / 设计:吴矛矛 / 面积:3737 m² / 主要材料:石膏板、乳胶漆饰面、仿木纹铝板、皮革、壁纸、仿皮纹地砖、石材、幻彩金属板 / 坐落地点:北京朝阳区西大望路6号

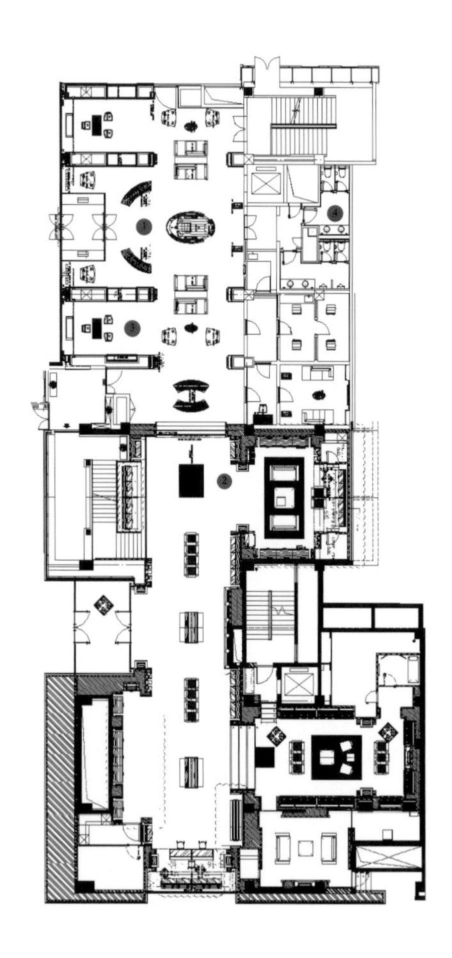

本工程为耀莱新天地奢侈品中心室内装修工程，位于北京朝阳区西大望路6号。业主承租的范围为地下一层至地上三层。本案地处CBD核心地带，品牌定位于成功人士休闲购物的顶级场所，一层至三层为世界顶级的钟表（Parmigiani、Dewitt、Richard mille）、珠宝品牌（Buccellati、Boucheron），地下一层为专营法国波儿多地区红酒的耀莱酒窖。

本设计外立面采用“礼品包装”的形式，利用幻彩金属板，将建筑物包裹起来，局部配以大型广告灯箱和LED夜景照明，白天幻彩钢板不同的角度产生光怪陆离的视觉变化，晚上则利用夜景灯光照明营造气氛，体现出整个建筑的现代感和重金属的质感，突出其与生俱来的贵族气质。

地上三层由于品牌定位的关系在装饰布置上没有太多灵活性，因为顶级品牌，依靠的是历史的传承与积累，品牌形象已经沉淀在消费者的灵魂深处，他们的设计都有自己的标准。设计师所要做的就是以简约的笔触把时尚与抽象融为一体，展现饰品无可抵抗的摄人魅力，结合现代与新古典的精髓，诠释顶级人士购物场所的内敛方式，将品位与气质孕育于空间中，散发无限涵养。皮革、仿古青铜金属板、玻璃、石材等材料的运用，“低调”中蕴涵着 “奢华”。如今的奢华已不再等同于昂贵材料、金碧辉煌的浮夸装饰风格，“品位”为财富拥有者不可或缺的气质，一如优美的躯体怎可配以空泛灵魂? 奢华易得，品位难求。

地下一层，运用古典与现代相结合的手法、谦虚与内敛的简约方式，力求营造一个自然舒适的感性购物休闲环境。因为成功人士在注重以品质、价格为核心的理性消费的同时，更加倾向于以体验感受为主的感性消费。到顶酒架内摆放的是名贵的红酒，暖色的背景灯光让空间感到更温柔，散发着性感的诱惑情调。色彩、灯光、艺术陈设是营造气氛的重要手段。色彩方面：运用褐红色、黑色、金色、赭石色（如硅藻泥、橡木、仿木纹砖等），配上反光材料（如青铜色镜钢、水晶、玻璃等），营造低调内敛的新古典奢华。灯光方面：运用间接打光的方式，可调节的直接光源，为空间提供柔和层次丰富的灯光效果，如戏法般变化的灯具，总是不断给人变幻出惊喜，处处显露出设计者的匠心独运。艺术陈设方面，或许一瓶“百年酒王”就是最好的艺术品。在这里，我们从视觉、听觉、嗅觉焕发你的心智，让烦嚣世界留在后头，让您的感官得到升华。

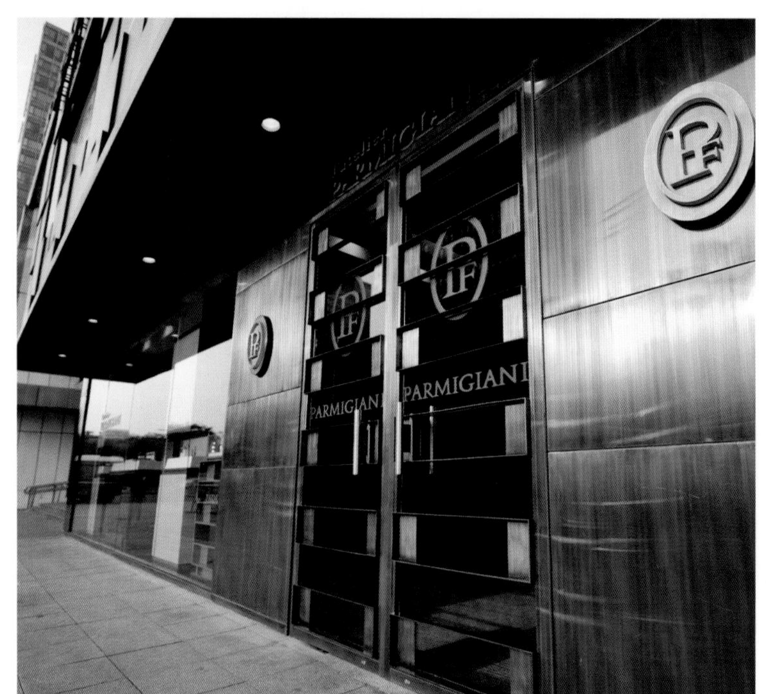

左1 钟表展示台
左2 幻彩金属板包裹的建筑物
右1 深色背景更衬托出奢侈品的高贵气质

BURBERRY

左1 暖色背景光让空间更感温柔
左2 休息区
左3 层次丰富的灯光效果
右1 米色调的楼梯空间
右2 环形灯光带围绕下的气质展台
右3 复古家具演绎出新古典的精髓

上海半岛1919红坊艺术设计中心 Red Town Art Design Center at Bound 1919, Shanghai

设计单位:吕永中设计咨询有限公司 / 设计：吕永中 / 参与设计：席佳、区润宇、尹秀敏 / 面积:1400 m² / 坐落地点:上海宝山 / 完工时间:2011年 / 摄影:吴永长

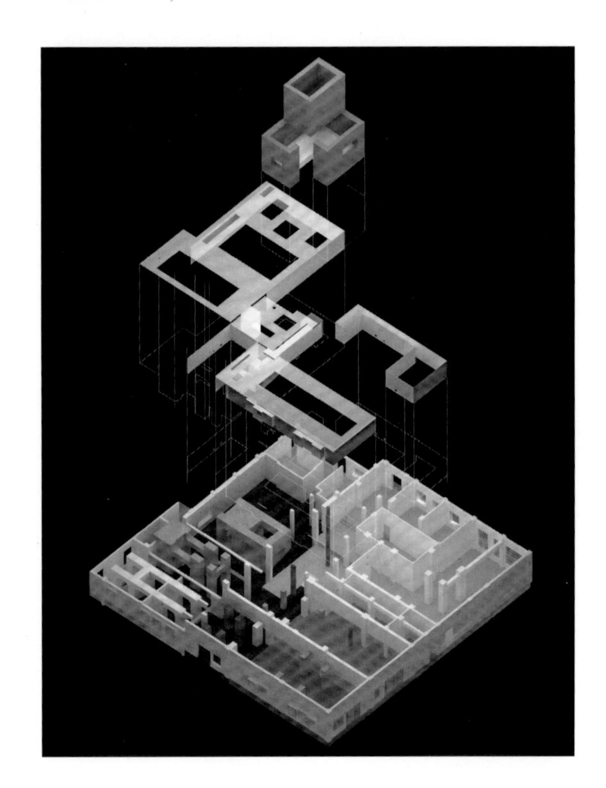

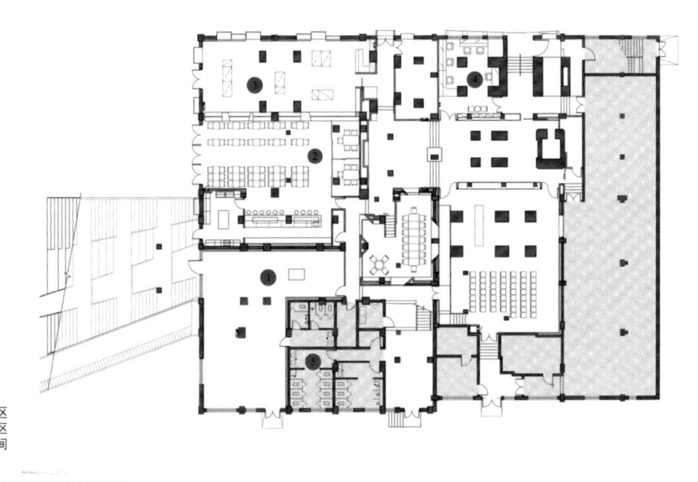

1. 大厅
2. 餐区
3. 展示区
4. 休闲区
5. 洗手间

左1 有序变化的冲孔木板墙面
右1 古堡式空间

"纸窟"

位于上海宝山1919创意园10号楼，作为面向园区的复合功能服务平台，艺术中心拥有展览、会议、阅览、销售等功能组合，以满足园区内外不同需求。

园区前身是上海棉纺八厂，有近一个世纪的历史，10号楼则是前厂区的火力发电机房。先将煤运至楼层高处，再源源不断供应给底层的火力发电机组。根据运输、承重的实际需要，建筑底层密密麻麻建造了众多大小不一的巨型水泥柱，这是一个典型的构筑物空间。1000多平方米面积有近百根柱基。经过分析，在原杂乱无章的梁柱中小心梳理，根据原结构使用功能，区分出建筑结构与设备基础。剥去设备基础外的粉刷涂层，呈现出水泥基础的原始粗犷力量，并小心保留工业历史时期的标识和痕迹，以最大程度还原其本质面貌。

粗壮的水泥立柱与狭小低矮空间形成有如古堡式的封闭压力与探索的神秘。空间布局顺其自然，将大小不一的空间进行一系列精巧的串联，充分利用地面的高低起伏，隔墙虚实结合，灯光若隐若现，给人几分寻觅的期待。

把阅览室设置在中心区域，围绕四周布局其余功能空间。穿越四周低矮空间，登上有如圣殿般的"天井"阅览区。仰望着人造天光从9m高的天井倾泻而下，并在墙面有序变化的冲孔木板上演绎出和谐、静逸的韵律。浅木色基调中晕染出温馨、淡雅的氛围，喻意着对知识和思考作为创意产业的活力与源泉的一种尊重和景仰。

带有方洞的轻薄隔断有如"纸窟"，轻柔附着于粗犷的水泥构件上，随着功能与空间转换延展，并提供了展示的功能需求，在历史的痕迹中翩翩起舞。

没有摧枯拉朽式的拆除，没有光彩夺目的装点，没有华丽浓艳的涂抹，设计师对历史的欣然尊重，对空间细致入微的理解，谦和自然的创作态度以及简洁精炼的手法，让老的建筑得以延续着历史的积淀，并焕发出充满想象的新生。

左1 透过长方形开窗里外串联
左2 楼梯间
左3 浅灰色基调晕染出淡雅的氛围
左4 剥去粉刷涂层后的粗犷水泥面
右1 空间布局顺其自然
右2 尽量保留工业时期的痕迹

左1 新旧材料的结合
右1 转折连贯的空间
右2 隔墙虚实相间

上海方太厨电馆 Shanghai Fotile Kitchen Electronics Shop

设计单位:吕永中设计咨询有限公司 / 设计:吕永中 / 参与设计: 区润宇 席佳 尹秀敏 / 面积:2400 m² / 坐落地点:上海市徐汇区桃江路8号 / 完工时间:2012年5月 / 摄影:吴永长

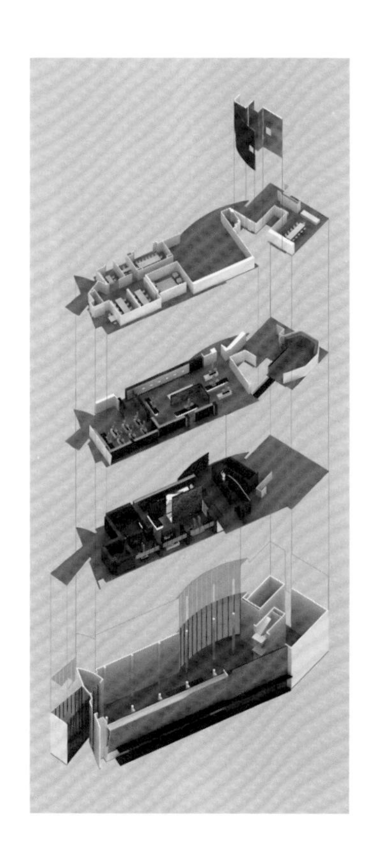

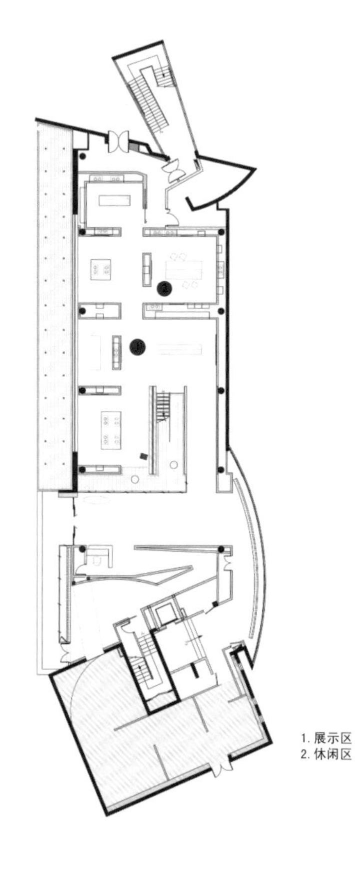

左1 外立面采用大面积的金属穿孔网板材料裹附
右1 融入绿色的建筑

本案位于上海市徐汇区桃江路8号，临近衡山路的闹中取静的黄金地段，定位是打造高端的复合功能展示平台，内拥有展示、体验、互动、交流等多种功能。

在精致典雅的梧桐街区设计满足厨具产品文化体验的空间，结合地域环境特色，并能体现方太企业文化的诉求成为空间设计的核心。

由两座相连的三层建筑改造而成，原建筑的沿街立面之间前后略有错落。采用了大面积的金属穿孔网板材料，因势利导将两栋建筑完全裹附，使中心形成统一而富有节奏变化的整体。灰色金属网板的表面利用冲孔大小的变化关系，抽象构成了树叶的形态，进退层次中透出网孔背后绿色底层。沿着街道看过去，路边高大的梧桐树仿佛在建筑立面上拉出了长长的投影，建筑得以悄然融入到绿色的街区中。

主入口位于建筑的中段，在主入口左侧增建垂直交通空间将平面功能一分为二，使得内部空间布局更为清晰而周密：一层为厨房展示区和体验区；二层为橱柜展示区与美食学校；三层是临展区和VIP私厨汇。室内交通组织在大空间布局的基础上相对比较迂回。在一楼的展示区，参观者在曲折环绕、百转千回之中有序前行。借鉴了园林式布局的手法，既延长展示路线扩大空间的使用范围，又增强了参观的体验性和互动性。同时也与方太企业在发展之中不断探索前行的理念相契合。

一层的整体氛围以沉稳、静逸为主，内部灯光都集中聚焦在墙面上的实物展品上，所有的展品都巧妙地放置于画框当中垂直于墙面，这种独特的展示方式一方面凸显出对展品的尊重，另外也营造出一种艺术画廊的优雅氛围。

三层高的挑空中庭，内部有二楼的一条空中水平穿越，外部的自然光通过立面垂直、错落有致的木格栅散落在中庭的内部，戏剧化的明暗处理使高耸的中庭如同一个“光的圣殿”。高大而密集的木格栅墙面则喻意着“众人拾柴火焰高”的旺盛精神，感受到先抑后扬的巨大上升气场。

二层的明快轻盈和一楼形成对比，橱柜展区的有序与简洁、美食学校的开放和舒展使得空间增添了更多参与的乐趣。三楼除了精致典雅的VIP私厨之外还特意设置了一片临时展区，结合桃江路的地理文化优势，可以满足品牌举办各种主题活动的需要。

融合了金属的明快与冷峻、石材的厚重，更多的力量感，低沉、稳重的调子与企业探索发展的趋势相吻合。细节中的生态小花园、水池、木质格栅等多种材质的搭配点缀又与中国五行元素的概念不谋而合。自然光由上而下的贯穿室内让空间颇具灵性。

左1 垂直交通空间
左2 产品展示区
右1 产品置于画框之中
右2 自然光通过木格栅错落有致地洒落到中庭
右3 百折千回中的有序前行

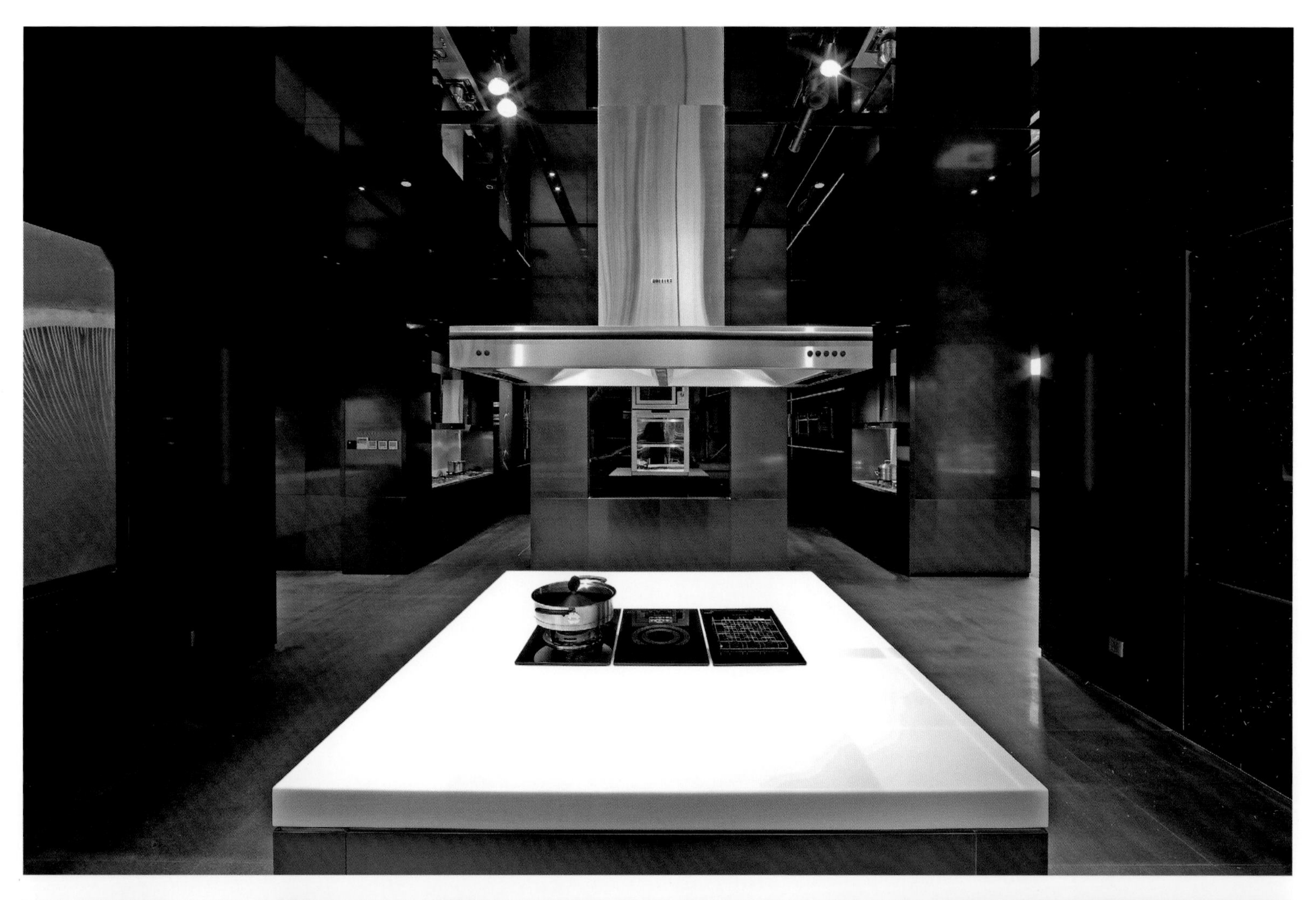

左1 曲折环绕的空间
左2 沉稳静谧的空间
左3 大块显示屏
左4 自然光由上至下贯穿
右1 灯光聚焦在实物产品上
右2 延长的动线

TP国际名品 TP International Top Brands

设计单位:福州林开新室内设计有限公司 / 设计:林开新 / 参与设计:余花 / 面积:600 m² / 主要材料:大理石、艺术玻璃、艺术涂料、陶管 / 坐落地点:福州市 / 工程造价:180万 / 完工时间:2012年4月 / 摄影:吴永长

经典在设计中低吟浅唱

人们说，好的衣服就是艺术品，它不仅穿在身上星光熠熠，也必须得像艺术品那样在橱窗里精心地陈列，等待着慧眼识珠的买者。有时候，空间的品质，甚至决定了艺术品的价值。

上层社会引领着潮流，也引领着潮流的呈现方式。上层社会的名店，不仅仅是富人购物的平台，也是他们形象象征的衍生服务，这也是为什么香榭丽舍大街里那些橱窗外观望的人远远比踏足进店的人多的商铺却依旧声名赫赫、屹立不倒。

位于五一路的国际名品服饰会员制场所也许会让我们联想起曼哈顿第五大道或者东京银座的购物氛围。空旷、简单、大气，却处处精致，没有金碧辉煌的修饰，充分突显了刻意强调的功能。沿袭了设计师一贯的干净利索的风格，在完全通透的空间里，设计师运用最基本的金属色、绿色、白色，奠定了大气、稳重、典雅的基调，大块大理石纹理地砖将这种气质衬托得更加鲜明。服装展示区依墙而设，以墙体进深及附墙柱为间隔，中间为饰品展示柜，整个空间宽敞开阔，转身环顾，或清爽或浓酽的服饰色彩轻舞飞扬，仿佛酝酿着一场光芒闪耀的华衣舞会。

设计师独具匠心地将其中两面背景墙打造成为鞋包及饰品的陈列柜。或错落有致的格子演绎绿与白的颜色交互，或整齐排列的一白如洗，本来容易被忽视的角落反而成为了空间里的亮点，方格中仿佛回荡起伏着一种旋律。不仅是前卫，层次的间隔更淡化了空间的匠气，使普通的功能区化身为一出别致的小品。

大厅后面则是一开放一封闭的两个休闲区。在开放式的休息区中，两组白色的欧式轻质沙发依墙而设，背景墙则被贴上象征森林植被的绿色墙纸。在静谧中愉悦感官，如此的素雅布局，正契合了低碳生活的休闲姿态。这样，空间总是有一种淡然的姿态打动人，那种淡然不浓郁却沁人心脾。

左1 明亮的橱窗
左2 空间布局简单大气
左3 完完全全的通透
右1 素雅的隔断

中国邮政
CHINA POST

左1 服装倚墙而设
左2 小品式的方格子
左3 简洁的服装展示区
右1 整齐排列的一白如洗
右2 灯光恰到好处的衬托出商品的精美
右3 错落有致的格子间
右4 层次的间隔淡化了空间的匠气

左1 沉稳典雅的色调
右1 相对私密的空间
右2 美丽的服饰轻舞飞扬
右3 白色轻质欧式沙发倚墙而设

上海GOBO GOBO in Shanghai

设计单位:SAKO建筑设计工社 / 设计:迫庆一郎 / 面积:115 m² / 坐落地点:上海市宝山区汶水路

未来——拥有发光玻璃盒子

GOBO品牌色彩绿色和有洁净感的白色交互连接，演奏出如流水般的清新节奏。其中央配置洁净的散发着清新光芒的玻璃盒子，这些都在昭示着“未来”。被引人入胜的发光玻璃盒子吸引来的人们，通过浏览设置在盒子内的iPad，想象自己的室内用具，做成直接和各种卫生洁具交流的装置。

卫生洁具品牌的展销店铺，虽然位于排列拥挤的商场内，但是本店铺与众不同，当人们的目光触及到发光的玻璃盒子时自然就会聚拢而来。在盒子内享受着愉快时刻洋溢着幸福的笑脸源源不断。

一般的卫生洁具品牌的展销店铺，将店铺的一角作为样板间，“实”的空间连续而来。对此，应确立新的品牌形象，本店铺应该赋予它“虚”的空间，设置了简洁的盒子。这样客人自己边操作iPad，边想象样板间的“实”的空间，带来全新的体验。

绿色、白色、洁净的3色，在店铺内演奏着全新感觉的节奏。

左1 绿色是品牌的色彩
右1 玻璃盒子内的产品

左1 散发出清新光芒的玻璃盒子
右1 发光玻璃盒子时刻吸引着人们的到来
右2 绿色和白色交互连接的清新
右3 虚实相间的空间

奈瑞儿碧桂园店 Biguiyuan Shop of Naturade Slimming and Beauty

设计单位:崔华峰空间顾问工作室 / 设计:崔华峰 / 参与设计:李鹏熙 / 面积:1300 m² / 主要材料:吸音板、地胶板 / 坐落地点:广州番禺区迎宾大道华南碧桂园碧华坊二街 / 工程造价:150万 / 完工时间:2012年5月

"摇啊摇，摇到外婆桥，河里的菱角，笼里的鱼，水里的影子是阿娇。"

本品牌主张东方养生，服务女性，通过空间的组织，艺术化地彰显了水乡之纯朴，东方人文的纯净。我们很小心地选择了空间的主材质感，生怕破坏了"女人是水做的"定语。

灯光的安排，非常成功地帮助我们控制了空间中的那股宁静。

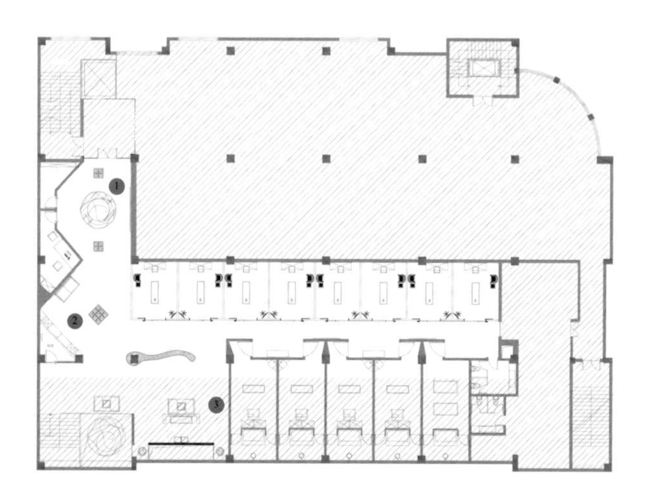

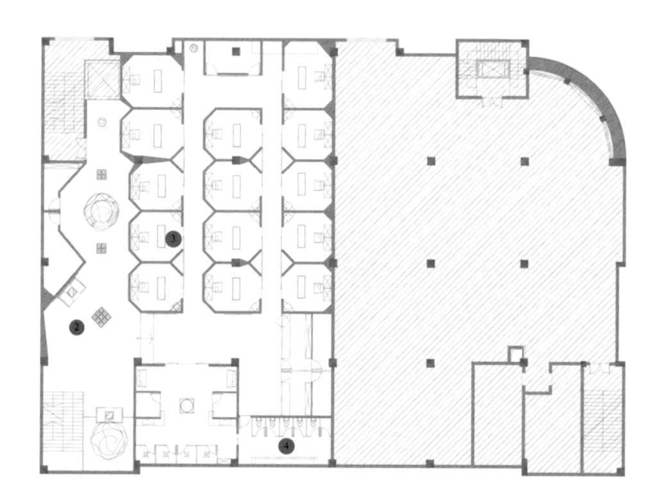

1. 大厅
2. 休闲区
3. 展示区
4. 洗手间

左1 麻布材质的装饰
左2 楼梯间
右1 质朴的麻质围隔

左1 有序的空间排列
左2 曲线造型表现女性特有的柔美
左3 灯光很好地控制了这份安静
右1 幽暗的过道
右2 由暗及明的彰显
右3 纯净的空间组织

绿色未来——福田电器产品接待中心 Green Future——Reception Center of FOTON

设计单位:广州道胜设计有限公司 / 设计:何永明 / 面积:700 m² / 主要材料:电脑喷画、灰色地板毡、乳胶漆 / 坐落地点:广东省佛山市顺德区勒流镇

1. 展示区
2. 休闲区
3. 操作区
4. 卫生间

本方案是广东福田电器有限公司的一个客户接待中心，空间同时具有展览产品功能。福田电器是一家专业研发、生产和销售建筑电气产品的企业，公司的企业使命是为客户提供安全、环保、先进的用电方式，体现绿色环保的未来，这也是本方案的设计主题——绿色未来。

为了向人们生动地展示公司的历程，设计师故意将入口设计得比较窄小，再通过曲折造型的过道引导人们到达豁然开朗的新产品展示区，让人们立体地感受到公司的成长过程，别有一番趣味。

一进门就是公司的形象墙，在这里设计师利用了多媒体向人们展示公司的产品，介绍公司性质。然后是一个历史长廊，这里分两面来向大家展示公司的发展历程，一面是以动态的多媒体视频播放的形式，另一面是以静态的文字表达，用这种动静结合的形式叙述着公司的种种经历与过程，让客户自主地选择自己喜欢的方式来了解公司。历史长廊的灯光设计是设计师给大家的一个灯光叙述。地下的光带设计使用了福田电器公司生产的灯光，不仅在照明上使空间有多变性，也是一个很好的引导者，带领着客户通向另一个空间。

走过长廊到达的就是豁然开朗的产品展示区，在这里选用了福田公司的主色调——绿色来进行空间的点缀设计。设计师利用了建筑本身的柱子做了创意，设计了以线条围合成的蘑菇形状的两个独立小展厅，独特的造型成为了这个接待中心的一道亮丽风景线，更是增加了空间的趣味性。同样，在灯光设计上设计师独具匠心，在线条底和里面展柜内都布置了灯光，形成的光影效果极佳，是一个具有展览产品功能，同时本身也具有展示效果的多重空间，也进一步向客户展示福田公司的灯光产品的使用效果，是一个很好的广告宣传手段。

在照明类的展示区，设计师利用几何造型的展柜，形成了一个异型的空间，利用凹凸位置设置公司的LED照明产品，以科技的手段来体现绿色环保，更是形象立体地向人们展示着设计的主题——绿色未来。

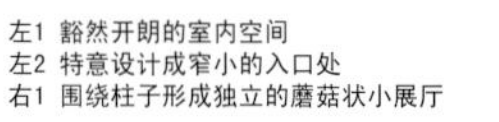

左1 豁然开朗的室内空间
左2 特意设计成窄小的入口处
右1 围绕柱子形成独立的蘑菇状小展厅

左1 图文并茂的多媒体形象墙
左2 绿色象征绿色环保未来的主旨
右1 立体几何造型的展柜
右2 极佳的光影效果
右3 富有趣味的蘑菇展厅

天瑞酒庄 Tyrrell's Wine

设计单位:福州宽北装饰设计有限公司 / 设计:施传峰、许娜 / 面积:180 m² / 主要材料:地板、墙纸、荔枝面大理石、软木 / 坐落地点:福州 / 工程造价:20万元/ 完工时间:2011年 / 摄影:周跃东

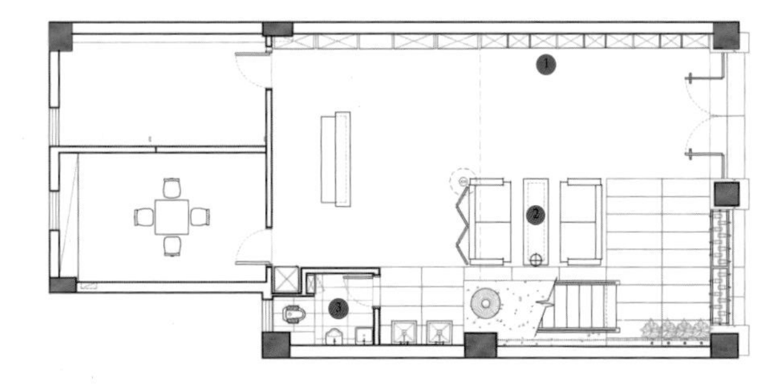

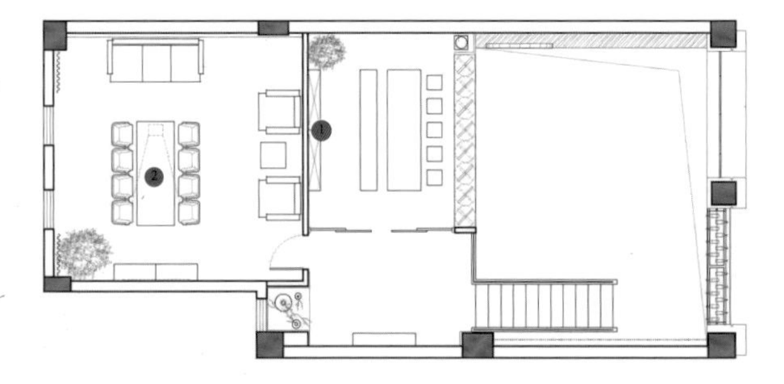

1. 展示区
2. 休闲区
3. 洗手间

斟一杯法国红酒的浓香，赏一抹意大利红酒的色泽，品一口葡萄牙红酒的甘美，在浓浓诗情画意的中品尝真纯佳酿，浪漫尊贵随之弥漫。在天瑞酒庄里，每一个转角几乎可以视为对葡萄酒文化的传承与演绎。它的空间情趣与节奏风格融合了多样的风情与文化，使得隐藏于都市人心中关于精致生活的那些奢望落到了实处。

酒庄共分为上下两层，它们之间彼此独立，却又不乏交流的可能。空间中的不同区域在满足各自功能的基础上，用色彩、光影、材质的变化来引导着人们的视觉享受。这里似乎在改变着我们对时尚装修概念的定性思维，设计师充分利用了与红酒相关的元素尽情演绎了多元的红酒文化。一楼入口的锥形柱做成由夸张变形的大“橡木塞”重叠而成的形状，它既是纯粹的装饰片段，又是一种时尚的演绎。洗手台旁放置着装饰品与酒杯的“高几”，竟是一个古朴的橡木酒桶，它毫不隐晦地表现着其率真与坦诚的面孔；而用软木塞串成的帘子则成为了一大面的背景墙，为我们带来了新鲜的视觉体验。当射光打在上面时，仿若满墙的灿烂繁星，远观则又像折射着光的瀑布，似乎当一阵风吹过，能看到晃动的帘子后藏着若隐若现的宝藏。

除了材料上的新奇，空间里的色彩与灯光设计也控制着来访者的心情。置身其中，会有一种奇妙的感觉，仿佛从现实的喧闹中走出来，而后在这个暖色调的氛围里渐渐褪去那份浮躁。设计师匠心独运地将点光源与泛光源进行有机地组合，并用独特的灯具造型来丰富空间的美感。当似虚而实的光影透过栅格、屏风铺洒在周遭，影影绰绰地构筑起了一方新奇的空间，仿若在梦中。而随着人们脚步的临近，飘渺的梦境也一点点清晰起来。因为视角的不同而产生出这种不确定的美感，使得灯光在赋予空间柔和的特质之外，还营造出些许神秘的效果。这是设计风格上的一种变调，亦可以是设计语言中一种出乎意料的洗练，让人们发现这里的每一个层次皆有动人之处。

在这个纯粹的空间里，或品酒或交谈，一切仿佛陌生，又好像分外熟悉。眼前的一切是如此的鲜活和可爱，而我们能做的只是运用辞藻作愉快的记录，并还原真实的场景。我们欣喜的是，面对这样的一个空间时，除了留下图文的记忆，内心竟是满足的。

左1 锥形柱由夸张变形的大橡木塞重叠而成
右1 软木塞串联起的整片帘子

CHATEAU TERROIR
CASTEL

左1 彼此独立又不乏交流的上下两层空间
左2 似实而虚的光影透过屏风洒在四周
右1 仿若折射着光芒的瀑布帘子
右2 红酒展示柜
右3 深色调背景构筑的尊贵

广州国际设计周汤物臣·肯文创意集团展位

Dream Box--Display Stand of Guangzhou Inspiration Group

设计单位:汤物臣·肯文 设计事务所 / 面积:72 m² / 主要材料:成型夹板底、涂料 / 坐落地点: 广州市琶洲·保利世贸展馆 / 完工时间:2011年12月

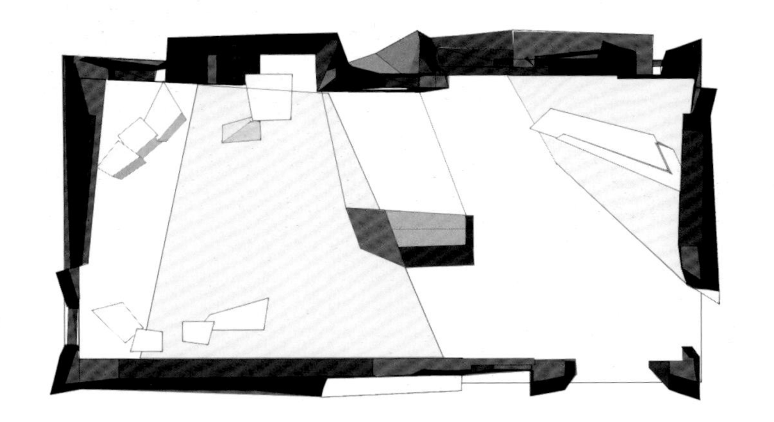

汤物臣·肯文创意集团2011年广州国际设计周的展位，是空间设计与视觉科技的一次跨界合作。展位以“Dream”作为设计主题，为体验者构建了一个“Dream”的窥探空间，生动带出公司的成长梦想与员工们的快乐梦想。

从空间设计上，展位由9个Box组合而成，每个Box象征着公司每一年的成长梦想。各个Box以反转迭变的手法嵌入组合，既相对独立又互相包容，诠释着公司团队与团队之间，员工与公司之间彼此信任、相互共容的团队合作精神。而每个Box，都设计了一组给体验者窥探“Dream”的窗口，设计师以不规则，又富于变化的几何手法进行切割，结合富有层次感的不规则外观，让展位更加立体，让人充满窥探的欲望。白色，是展位唯一的色调，明亮、雅致，让人充满遐想，更唤起体验者对梦想的向往。

在视觉科技上，设计师加入了3D影像技术、拼屏显像系统与互动触摸系统。互动触摸系统应用在企业互动信息平台上，以触摸屏的形式展示公司文化，体验者可自主翻阅感兴趣的内容；3D影像技术应用在案例展示区，设计师利用新颖的全息投影设备，结合空间造型特点投影作品，生动地以3D效果突显出案例的创意概念，让体验者能更立体的感受到创作的灵感来源；拼屏显像系统则应用在员工梦想展示区，员工自编、自导、自演的梦想片子，结合手绘式的梦想画屏动画，再通过特别的拼屏进行演示，让每位体验者都能感受到员工们多姿多彩的梦想与创作过程中的趣味性，从而唤起大家对梦想可贵、可亲、可爱的追求。

左1 造型独特的展位外观
右1 构造出Dream的窥探空间

湯物臣・肯文創意集團
INSPIRATION GROUP

左1、左2 富有层次感的不规则形体
右1 立体标识
右2 一个个洞口引起一窥究竟的欲望
右3 3D影像技术应用在展示区
右4 各个Box以反转迭变的手法嵌入组合

易物臣・肯文創意集團
INSPIRATION GROUP

启尔红酒酒具专卖店 Cheer Wine Set Exclusive Store

设计单位:深圳华空间设计机构 / 设计:熊华阳 / 面积:100 m² / 主要材料:亚克力、木材、白油漆 / 坐落地点:珠海市 / 完工时间:2012年3月 / 摄影:江河

启尔红酒酒具专卖店位于美丽的海滨城市——珠海，地处繁华的闹市中心，却又与灯红酒绿的都市保持着适当的距离。一切都是源于红酒的独特魅力，不是每个人都能读出红酒的年份、口感、出产地，品头论足一番其色泽，也不是都有机会去法国的波尔多，这个世界的葡萄酒窖，品品刚从木桶里流出的佳酿。但是每个人都可以拥有一套红酒酒具、了解红酒、了解红酒文化，也许另一种不同的生活，就从红酒酒具开始。

专卖店的设计与装修决定整个店面的销售，一个大气并且与主题相关的专卖店在很大程度上可以促进销售。顾客进入店面首先感觉的是气氛，心理上就会进入一种状态。销售就是要抓住消费者的心理。所以，设计师必须了解顾客的需求，营造有感染力的购物环境，第一时间抓住顾客。

启尔红酒酒具专卖店给人的第一感觉就是清新、时尚。白得纯粹的烤漆陈列柜以及墙壁，富有张力的线条等，无不透露着时尚的气息。优秀的设计，会根据目标客户的喜好、品位、习惯等，结合当地城市的气息，做出一份完整的设计方案，设计出符合其定位的空间环境。这个时尚现代的红酒酒具专卖店，就是由华空间设计机构根据其定位，打造出高雅、时尚的商业空间。

这个时尚简约的店面设计采用白色为主色调，从墙壁到地板、抑或是陈列柜，全是不掺杂一丝杂质的纯白，扑面而来的纯粹白色让你的视线变得明朗，心情变得沉静。设计师以简单、白净的设计，凸显酒具的独特与典雅，令人产生无限遐想。

酒具台打破传统方正木讷的方式，看似随意地勾勒却别具新意的流线型，与吊顶相对称，使空间无限延展。其梯田型的台身，使空间更为立体而有层次感。吊顶的淡淡灯光洒在酒具台上，那些玻璃的器皿显得更加晶莹剔透，让人忍不住想要用它们一亲红酒的香泽。而最具特色的莫过于酒瓶式图案的墙壁橱窗设计，大大小小的酒瓶橱窗，既提供了摆设商品的空间，更是呼应店面主题，给人亦幻亦真的感觉。

若是整个店面全是一律的纯白，未免会有点视觉疲劳，设计师顺着流线型的酒具台，像是在地面缓缓的倾泻红酒一般，慢慢的铺展开鲜艳的红色，流向远方。其不规则又柔和的形状，在整个白色的空间里不显突兀，却增加了更多的浪漫气息，提亮了整个空间的视觉效果，吸引顾客的眼球。

灯光的设计与气韵生动的装潢设计共同带来的感染力，丝毫不逊于阳光的魅力。

左1 鲜明的红白对比
左2 流线型的接待台
右1 梯田型酒具台

Cheer启尔

左1 无限延展的视觉
左2 酒具台和吊顶相对称
左3 简单干净的设计凸显高贵的酒具
右1 热烈的红色提亮了视觉
右2 白色烤漆陈列台
右3 扑面而来的纯粹白色
右4 迂回曲折的白蔓延开来

素颜旋律 A NUDE COLORRED MELODY

设计单位:佛山尺道设计顾问有限公司 / 设计:杨铭斌、李嘉辉、何晓平 / 面积:309 m² / 主要材料:清水泥、户外木、不锈钢、玻璃等 / 坐落地点:广东省佛山市南海区 / 完工时间:2011年6月 / 摄影:Beni Yeung

本案主题名为“素颜”，大自然的素颜，如此漂亮的面孔，是客人赋予的一份生机。高低起伏的造型，犹如音乐的旋律，在各种乐器的演奏里，让素雅的场景灵动起来。客人走进店里，就感觉到酒在容器里摇动的情景，嗅觉、视觉、听觉触动身体，让客人在这里产生一种新的购物空间，另一种购物感觉。

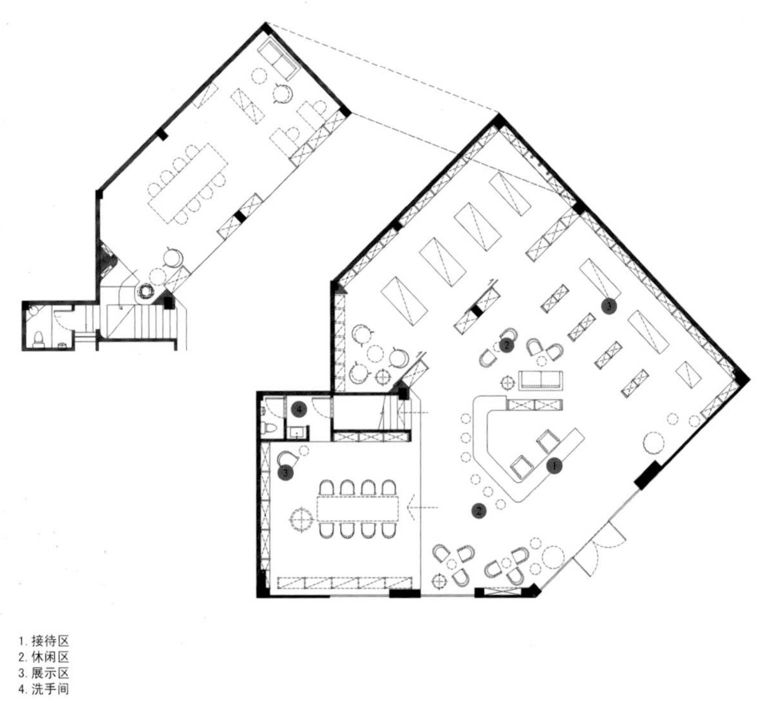

1. 接待区
2. 休闲区
3. 展示区
4. 洗手间

左1 高低起伏的造型
左2 曲折的木质大吊顶
右1 琳琅的美酒陈列柜

左1 照明恰到好处地凸显出美酒
左2 透明椅子带来非凡的轻盈感
左3 简洁的陈设
右1 质朴的色调演绎素颜

COMTE DE DURBAN

U/TI品牌女装文一店 U/TI Brand Women's Wear

设计单位:杭州观堂设计 / 设计:张健 / 面积:181 m^2 / 主要材料:砖墙、木质 / 坐落地点:杭州文一路 / 完工时间:2011年7月 / 摄影:王飞

U/TI品牌女装文一店，设计上要求清新、自然，整体店铺以白、灰色调为主。

设计过程中，着重采用了“解构主义”的手法，比如墙体处理上，留下一些斑驳的痕迹，或开凿出不规则的门洞；在收银台，将各式抽屉、门板分解后再拼凑；装饰柜方面，采用柜体分解再合成的设计；这些解构处理，既能带来设计上的新鲜感，又能体现品牌面料的解构使用。

U/TI品牌追求自然的、清新的风格，因此，店铺设计上没有采用繁复的装饰装修，而是将空间基础处理得非常简洁，水泥地、砖墙刷白，包括外立面，也是处理成统一色调、统一材质，没有过多的材料堆砌，进入店铺，简洁大方扑面而来。

相比硬装的简洁，后期软装上，则花费了诸多心思。货架体系上，采用木质为主，暗合“清新，自然”的追求，简洁不代表简单直白，在货架货柜设计中，采取了一些欧式线条的处理，简单的木质在大方的线条中，变得柔和温暖。摆设上，选用了诸多东南亚原木、柚木家具，如木墩、椅子、柜子、圆桌、木马等。软饰方面，采用回收的老皮箱、工业时代灯具，显现别致的品位，营造素雅的氛围。

同时，设计师延续了其一贯的环保理念，在顶与地的处理上，适当的选用了回收木料，贯穿“再利用”的思想。

左1 清新的外立面
左2 直白的水泥地
左3 各式门板抽屉重新分解组合后打造的收银台
右1 简洁的白色栏杆围合出的楼梯

左1 开凿出不规则的门洞
左2 质朴的木马圆桶等摆设富有情趣
右1、右2 自然的木质货架
右3 空间没有多余材料的堆砌
右4、右5 采用欧式线条处理的货架柜
右6 木墩座椅

左1 回收的老皮箱
左2 别致的小物件体现品牌面料的解构使用
左3 别有洞天的门洞
右1 白色灰色打造优雅主色调
右2 经典欧式的白色吊灯与成列的服装相得益彰

北京悠唐生活广场 Beijing U-town Lifestyle Center

设计单位:J&A姜峰室内设计有限公司 / 设计合作：香港创智建筑师有限公司 / 设计:姜峰 / 参与设计：袁晓云、陈礼庆 / 面积:110000 m² / 主要材料:天然石材、人造石材、瓷砖、复合木地板、木纹铝板、不锈钢、艺术玻璃、透光软膜、乳胶漆 / 坐落地点:北京朝阳区 / 完工时间:2011年7月

北京悠唐生活广场位于北京朝阳区三丰北里2号，是一家集购物、娱乐、休闲于一体的综合性购物广场，同时也是北京首个城市综合体项目，一站式大型综合消费中心，拥有京城最大的室内中心广场、最丰富的特色餐饮美食总汇、最时尚的休闲世界、最具特色的空中SHOW场等，组合成北京最具活力的绚彩综合体。

体量占110000m²的悠唐生活广场采用典型的街坊式布局，旨在打造朝外地区第一个广场式商业地产项目。整体商业设施都在外围道路围合的街坊内组织规划，采用步行区的方式，同时又和外部交通相联系，便捷而独立，同时购物＋美食+娱乐的综合性消费布局为北京的商务精英一族提供了位于城市中心的自由享受。

商业空间设计中尤为重要的是空间的流动，其主要分为虚拟的空间流动，通过高新科技技术影像等手法形成一种空间上的变化，使空间成为一种流动的空间，使人感觉在里面穿梭，仿佛就在空间中漫游。还有就是现实的空间流动，这是为了使展品和观众更接近，更好的为产品做宣传。

现代的商业空间的展示应该是丢掉以前的单一的展示产品的做法，是一个完整的人性化空间。本案的空间设计中，设计师在整个展示空间中调动一切可能配合的因素，在造型设计上做到有特色，在色彩、照明、装饰手法上力求别出心裁，在布置方式上将展示陈列人性化，使整个空间和过程完整。

左1 璀璨的钻石商场
左2 五光十色的夜景
右1 大堂

viva voce
ZARA

左1 流动的空间
左2 暮色中的顶棚点点光芒如闪烁的繁星
右1 自动扶梯
右2 商业设施在外围道路围合的街坊内组织规划
右3 有序而人性化的空间布局

南方电网汕头电力多媒体展厅 Multimedia Display Hall of Shantou Electric power

设计单位:汕头市博一组设计有限公司 / 设计:郑少文 / 参与设计：林峻、肖植茂、林锡枝 / 面积:233 m² / 主要材料:麻石、仿古砖、抛光砖、复合地板、LED灯、铝板、橡木、银丝面吸音板 / 坐落地点:汕头市金砂路 / 完工时间:2011年9月 / 摄影:董军

本展厅的主色调采用南方电网的形象色——蓝色，以突出南方电网的形象。地面深浅蓝色相间，以线条状排列，象征着输向千家万户的电流。立面的背景板和天花设计成白色，以淡化硬装修，让参观者的注意力易集中在展览图片和多媒体视屏的内容上，同时也让蓝色作为主调更明显突出。

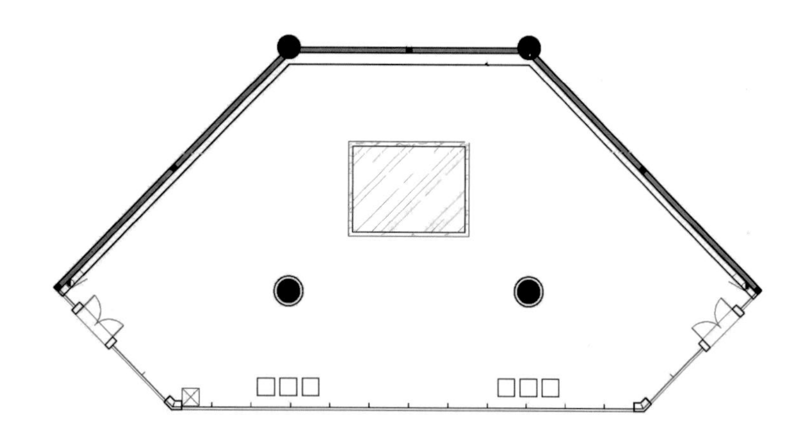

左1 南方电网的形象色蓝色
右1 模型展示区
右2 地面是深浅相间的蓝色

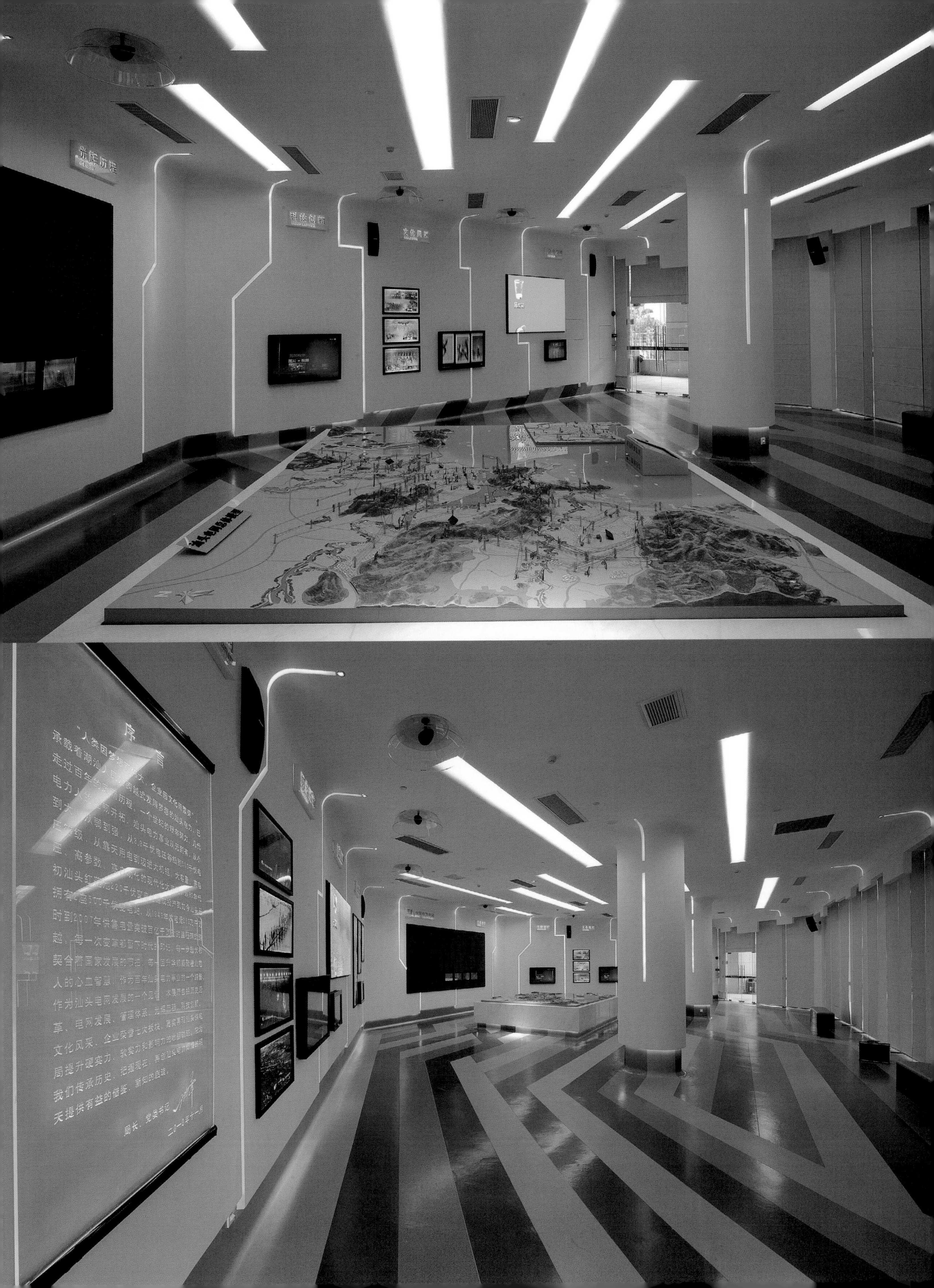
光辉历程
科技创新
文化风采
序
言
我们传承历史、把握现在，
天提供有益的借鉴、新知的启迪。
局长、党委书记
二〇一〇年十一月

左1 全面的企业形象展示
右1 线条状排列象征着电流输向千家万户
右2 天花和背景板采用白色

光辉历程
中国南方电网

递展国际ELLEDUE家具展厅 Display Hall of ELLEDUE Furniture In Design-Home

设计单位:萧氏设计 / 设计:萧爱彬 / 参与设计：王立兰 / 陈设设计：郭丽丽、顾果 / 面积:480 m² / 主要材料:美国安德森地板 / 坐落地点:上海吉盛伟邦一楼 / 工程造价:27万元 / 完工时间:2012年1月 / 摄影:萧爱华

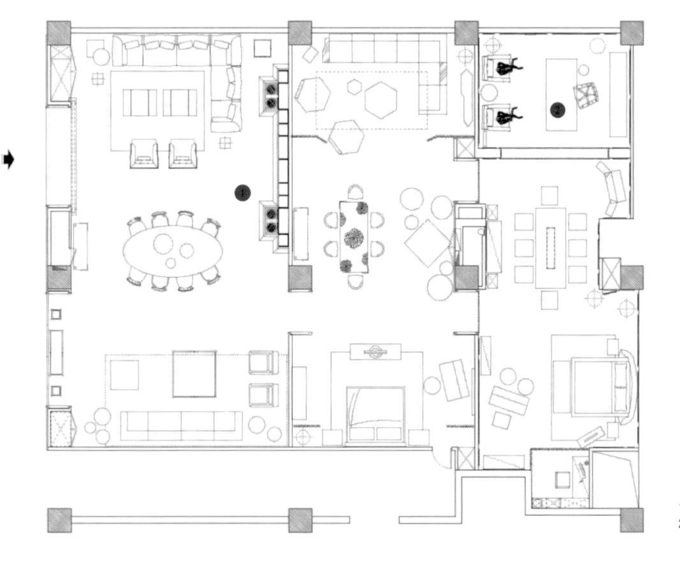

1. 展示区
2. 休闲区

左1 蓝宝石镜面装饰的正门立面
右1 冰雕般的水晶吊灯

展厅的正门立面，是大片璀璨夺目的蓝宝石镜面墙饰，远远的，人们就能感受到顶级意大利品牌蕴藏的奢华味道。品牌LOGO低调含蓄的放置在入口的两侧，指引清晰明确。宽敞气派的大门和橱窗，让店内精致高雅的产品奢华，豁然外露。主门框架和橱窗采用同样的深色实木制作，意式传统造型和工艺，品质感由然而生。门套镂空层次内最新科技LED灯光的使用，让顶级意大利品牌深厚历史底蕴和创新科技融合的内涵，完整而震撼的呈现。

设计师在空间规划时就深入了解意大利ELLEDUE“前卫的经典”的品牌定位，以及可度身定制大体量家居产品的特殊工艺。设计前期细致了解了建筑的结构特点，突破了物业的限制，剥离了顶部不必要的设施，让室内层高比相邻店铺足足高出50cm，让“镇店之宝”将通道的厅柜长高、变长，更加气势逼人。

顶部吊顶也因地制宜采用黑色菱形结构，使用半透明的白纱作为吊顶材料并内置灯光，复古优雅更显得空间高远深邃。

为了烘托商品的精致材质和考究做工，让丰富而奢华的购物体验舒适温馨又富有艺术感，没有选用常规的地面材质，而是特别选取了进口的玻璃纤维贴面材料定制而成，白色纯粹透亮又暗含防滑肌理效果，方形大块面的板型和天花造型隐隐呼应。

整个专卖店分作三排宽敞空间，前厅、中厅和后厅。没有更多的内墙分割，辉映3.5m的空间高度，充分展示出场地的大、高、宽等属性。主通道贯穿其中，宛如行走在欧洲宫殿内。整体空间感和动线，极好地渲染了其中的家居品牌的奢华、大气的定位。

进门便是一个约180m²的大厅。优雅而又炫目的紫红色墙壁，高高的、透着背景LED灯光的绷纱吊顶，加上特制的强力纤维纯白地板，和谐地托出一个低调奢华的氛围。迎面展示的，就是意大利ELLEDUE品牌下属的价值178万元的镇店之宝：一个宽6m，高3.4m的厅柜。经典的手工制作风格，雕花实木板、罗马实木柱、炫目的金属装饰，与现代风格的超亮白烤漆，形成绝妙的融合，气势恢宏，品相精致，但又不落陈旧老派。厅柜前面是超大转角沙发，细腻真皮材质，名贵珍稀的大理石扶手，座感极为舒适；配以LONGHI 茶几，独特栅栏造型的腿部设计， 精选今年米兰时尚的玫瑰金材质…… 华贵里溢出的时尚，不尽言表。

客厅旁的餐厅， 延续着同样的颜色基调和奢华气。3.6m长、1.8m宽的白色烤漆餐桌，配有和厅柜罗马柱相似的桌腿和金属装饰，配以冰雕般的水晶吊灯和炫蓝的餐椅。整个由客厅和餐厅组成的，和谐统一，豪华气派。这也是米兰的企业大亨, 莫斯科的石油新贵, 阿拉伯世界的王室, 还有好莱坞的明星那些顶级豪宅的最佳配搭了。

中厅和后厅， 设计师极为奇妙地营造了几个有序的“半私密”空间，让客人在被前厅的宽大所震撼以后，又有回家的亲切和温馨感。

中厅两侧圆弧形吊顶，从天花垂落的暗紫色窗帘和藕色纱幔，地面米色厚质的羊毛地毯，创造了一种温馨怀旧的气氛，让卧室的空间优雅浪漫，强调了一种居家的放松体验。后厅最深处， 打造了居家书房办公的“老克拉”空间。墙面颜色趋深， 嵌条复古，展示了全套意大利纯正古典风格的书房家具，使用名贵的桃花芯木和玫瑰木树瘤、铜质镀金的装饰花纹和把手的书桌、书柜。 整个空间完美实现了极致品位客户对家的终极需求。

CORNELIO

左1 特别定制的地面透亮且防滑
左2 半透明白纱吊顶中内置灯光
左3 复古优雅的家具
右1 纯手工制作的厅柜是镇店之宝
右2 纵深的视觉效果
右3 暗紫色纱帘优雅浪漫

ISNANA女装专卖店 ISNANA Shop (Women's Garment Brand)

设计单位:上海大样环境设计有限公司 / 设计:申强 / 面积:40 m^2 / 主要材料:钢板烤漆、亚克力、橡木 / 坐落地点:杭州市 / 摄影:申强

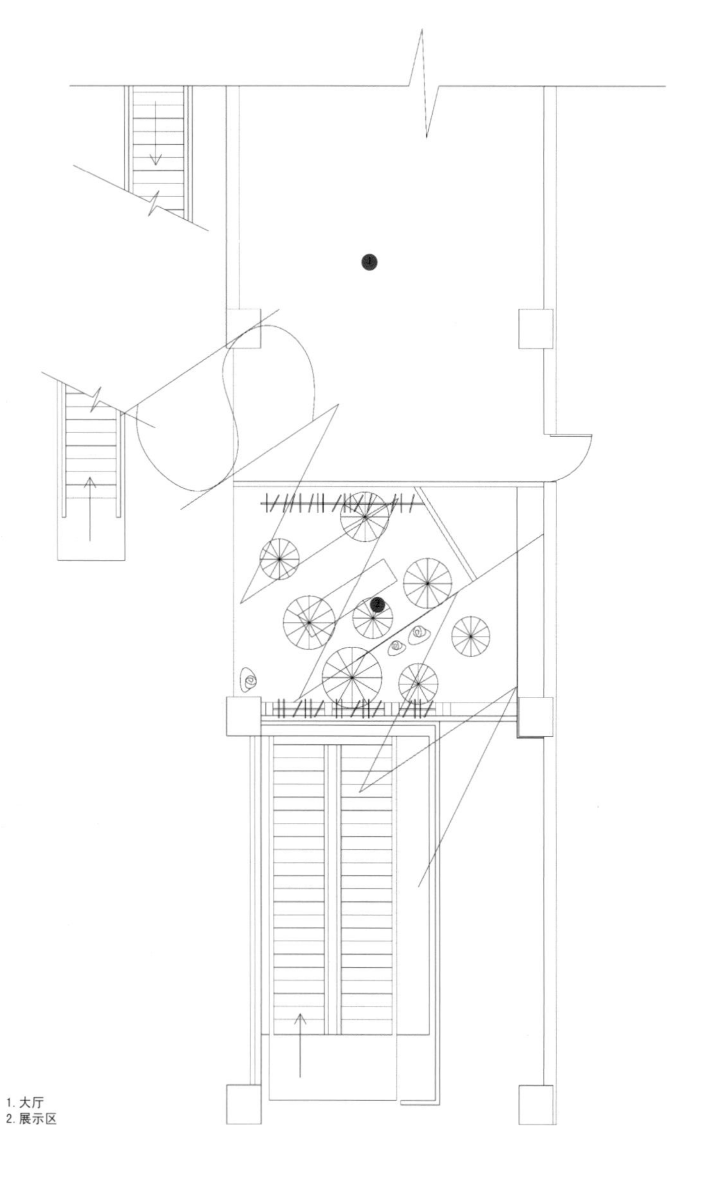

1. 大厅
2. 展示区

中国服装设计师品牌在最近几年发展迅猛，ISNANA便是其中一家。随着业务的不断扩展，公司面临新的机遇与挑战。ISNANA找设计师帮助他们做全新VI及形象店的设计。首先设计了新的LOGO，之后所有的设计由此展开。

设计师提出要做与其服装品牌相契合的有别于其他服装店的设计，首间全新店选址在名牌林立的杭州大厦，由于店铺紧俏，该品牌面积只有40m^2，而且只能在相对比较差的一个位置：位于商场整层一个死角，主楼梯的后方，而且位于另一电梯下方，阻挡了人流，也阻挡了视线。根据动线流向，商场人流上到该楼层后不会及时经过该店铺。

设计师考察现场后把现场不好的环境及条件作为设计解决的题目和挑战，提出了与众不同的设计方案。设计师打破常规服装店的平面布置，首先利用ISNANA折线做了共6阶的地台，并转45度角，朝向主要人流，吸引客人。根据客人的心理，原先常规的设计客人逛完这个店铺可能只要3~5分钟，但是抬高地坪并转45度后，客人会完全按照设计师设计的动线参观购物，逛完店后的时间会提高到10~15分钟，大大提高了客人购买衣服的可能性。地台的抬高也增加了购物逛店的趣味性，如公园景观般的购物体验，客人站在高低错落的、不同标高地台选购，也是对没有进入店内购物的消费者的吸引和刺激。也使得店铺入口处的约80m^2的公共空间变成为ISNANA的专属广场，与店内浑然一体，原先40m^2的店铺通过设计及视觉扩展，面积增加3倍而不需额外多付租金，这正是设计的价值。

解决原先的空间上的不足并使其成为设计亮点，商业空间中对于人流及客户逛店购物的心理需求及客观感受也是本案设计中所研究的方向。通过设计使客户有全新的购物体验及愉悦的感受是本次设计所追求的。

左1 衣服展架
左2 醒目的店标
右1 衣柜分割出密集排列的小体块

左1 空间转45度角以吸引客人视线
左2 简约的设计语汇
右1 白色几何形体的休息椅
右2 地面的分割线条
右3 整体光源与局部照明的结合

上海中升之星 Shanghai Zhongshen Benz Sales Center

设计单位:度设设计（DS & KAB）/ 设计：赵华 / 参与设计：杨圣、卞光辉 / 面积:32000 m² / 主要材料:钢结构、混凝土结构、铝&玻璃幕墙 / 坐落地点:上海江桥 / 工程造价:1.5亿元 / 完工时间:2011年12月 / 摄影:潘宇峰

上海中升之星是综合多种使用功能，并合理利用土地，创造多重空间层次的城市型综合建筑体。其功能区包括奔驰汽车销售及展示中心，二手车销售及展示中心，奔驰文化廊，车主综合会所，smart销售及展示区新车交付中心，中升集团办公中心，独立展示店，售后接待中心，汽车维修车间、综合汽车美容区域，地下停车场，地面停车场等。

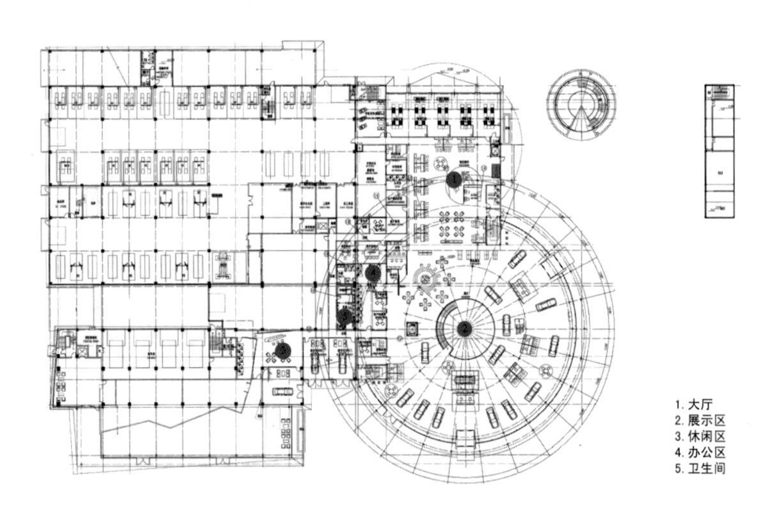

左1 通透的玻璃幕墙
右1 大体量的室内空间

左1 透明天窗引入自然光线
左2 顶面夸大的标识和汽车有趣呼应
右1 白色和灰色构筑的空间
右2 有序的条状吊顶排列
右3 连接顶面和地面的隔断

左1 圆形大厅
左2 简约的黑白色调
左3 有趣的圈状金属装饰
右1 几何线条的照明
右2 温馨的休闲区

雅戈尔上海延安路一号旗舰店 No.1 Flagship Shop on Yan'an RD, shanghai

设计单位：雅戈尔服饰控股有限公司装修事业部 / 设计：万宏伟 / 参与设计：装修事业部设计组 / 面积:2000 m^2 / 主要材料:树榴饰面、橡木饰面、金属漆、马来漆、金丝玉石材、罗马米黄、人造石 / 坐落地点:上海延安路一号 / 工程造价:600万 / 完工时间:2011年10月 / 摄影:刘膺

对于有着30年发展历程的著名企业与服装品牌，雅戈尔拥有了完善的产业结构及生产销售渠道，在“筑百年企业，创国际品牌”的企业愿景的大背景下，随着新一轮产业升级及创新品牌的发展主导下，我们试着去理解雅戈尔服装品牌布局下的几个细分市场定位的子品牌，演绎现代商务男装在工作与生活中的各个方向与侧面，理解各品牌设计工作室企划的商品故事和设计基调，从高级定制的Mayor品牌到Youngor品牌的商务休闲装，从年轻时尚的GY品牌到绿色环保的汉麻世家品牌。从专业的CEO衬衫品牌到Hartmax的美式休闲品牌，我们逐个分析与理解，组合呈现男装世界精彩的各个方面。在宁波品牌综合展示厅以及上海、北京、杭州等一线城市的大型店铺形象中系列呈现，设计尽力适合雅戈尔品牌定位及品牌文化内涵。

在新古典语言的环境中，寻找“经典”这一设计表述，不刻意的造型，不夸张的元素，不张扬的色彩，不喧闹的气氛，我们想把空间留给服装这个商品的主角。从功能到材质，从市场的需求到成本的控制，我们在不停的设计修改与折中的妥协中，循求设计的平衡与完善，完成雅戈尔品牌阶段性的终端形象提升。

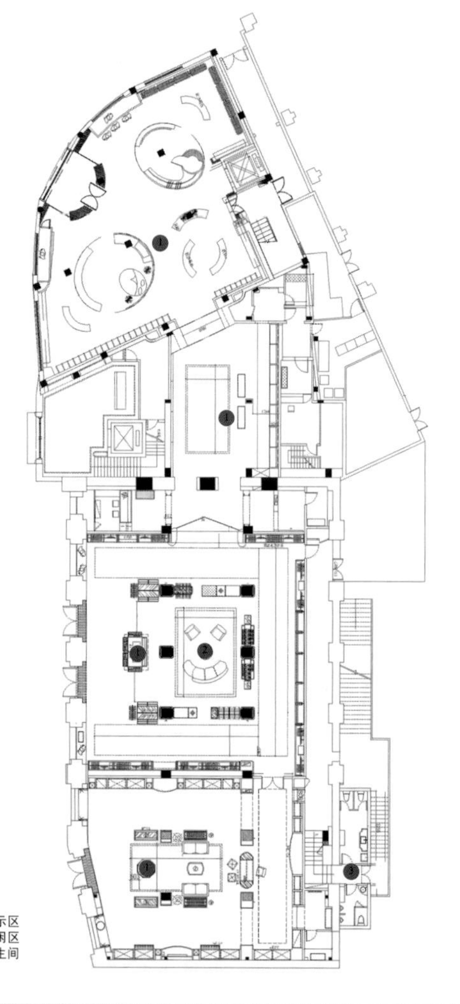

1. 展示区
2. 休闲区
3. 卫生间

左1 整齐的店面
右1 专业的品牌衬衫
右2 色调柔和的女装部

YOUNGOR
HANP Hart Schaffner Marx MAYOR
HANP

左1 拱形门洞串联起空间
左2 线条洗练的展架更好地烘托出产品
右1 黑色的灯具和模特营造酷我的时尚
右2 复古的廊柱
右3 休息区

尊邸 Johnnie Walker House

设计单位：A Lime 388Company [法国]/ 坐落地点:上海 / 完工时间:2011年 / 摄影:申强 / 撰文：冯程程

如果有一个屋子，不仅能让人们闻到和尝到威士忌的馥郁甘醇，而且还能引起视觉的冲动，激起身体的欲望，那么这不仅仅是一个屋子，而是一个多感官体验的魔方，每个细节都能调动人们的神经，带人们进入一个微醺微醉的性感世界。

位于上海思南公馆25号的尊邸(Johnnie Walker House)就是这样一个地方。它是该品牌第一家除了苏格兰以外的境外品牌中心。也是这个经典威士忌品牌在上海的一个文化朝圣使馆。1910年，Johnnie Walker带着“向前迈步者”的品牌理念进入上海，因此尊邸的设计在追求探索威士忌的魅力之外，又紧扣上海海派文化气息，让这座崇尚尊贵的私人会所隐藏并透露着奢华和神秘。

热爱威士忌的人们都知道Johnnie Walker独特的斜方标，那么，热爱设计的人也会发现在这个屋子里所有的橡木地板也是以24° 倾斜平铺。让人惊喜的细节和独具匠心的用心体现，让深厚底蕴的品牌文化和设计师大胆洒脱的设计风格是水乳交融的。

尊邸一共三层，一楼入口处是一面用玻璃隔挡装饰的墙面，让这面完美到近乎无可挑剔的背景墙，恍若就是一层薄薄的墙纸贴合着墙壁，亲密无间。

前台接待的背景墙是用苏格兰当地独有的泥煤砌成，几盏被灯光晕染的铜质吊灯，以及刻着名言的橡木地板，人们还会听到潺潺的流水声，这些元素不仅运用得美观、生动，灵感也是源自威士忌。因为威士忌的基本要素就是：大麦、泥煤、水、铜和橡木。缺一都不可能实现Johnnie Walker具有层次感、富含岁月韵味的独特魅力。因此，在尊邸的每个角落，人们都可以看到、闻到，甚至是身临其境地感受到这些特质。

“卡杜酒吧”是尊邸一楼的一个中心思想，在这里人们可以看到Johnnie Walker人性化高级定制酒的一个实体现场，设计师用橡木做成酒架，参差装饰于墙面，陈列不同的定制酒和威士忌酒杯，形状不一的酒瓶在幽幽的灯光下闪耀着威士忌的色彩，与橡木地板搭配得相得益彰。还有散发着浓郁苏格兰气息的牛皮酒盒，让人们在那样的一个空间里，任凭想象自己就是一位绅士或者优雅的贵妇。通过个性化定制区，有独立的蒸馏模型空间，在这个15m²左右的空间里，四周墙面都是用深色橡木饰面板，而饰面板又特意做成一格一格的方形。

二楼的弧形威士忌星座墙，大面积的铜质装饰，由部分雕塑和部分地图组成。每一颗星辰代表了一款单一麦芽威士忌独特的口味和气息，在星座图上每种酒都可以找到自己的位置：烟熏、细腻清新与浓郁。点点繁星，散发着迷人的微笑，聚焦了众人的目光。设计师利用铜材来衬托繁星闪耀，诠释了每一瓶Johnnie Walker多层次且稳定的口感和香气。

“1910 厅”则着重刻画了这段记忆里一幅幅令人激动澎湃的画面。设计师在房间里用较多的Johnnie Walker早期或者具有代表性的海报作为一个亮点，以暗紫色打底，让每个来尊邸的客人都能更深刻地了解“向前迈步者”的不断进取和执着勇敢。创建1910厅的目的是为了纪念Johnnie Walker在中国悠久的历史与传承，这些设计师也正通过一幅幅广告海报来体现。1910厅整个环境弥漫着一股深沉的浓烈，闪烁的灯光，透着微微紫色的缭绕，迷离得难以自拔。

尊邸顶层最具代表性的就是“绅士吧”。在这里值得一提的就是用威士忌酒杯组合起来的天花板，壮观而又优雅。呈现出的波浪也是象征了Johnnie Walker威士忌醇厚顺滑的波浪式口感。这里同时也是举行晚宴、论坛、品鉴会等活动的主要场所。

左1 入口处的背景墙
左2 三层的空间
右1 迷离的灯光

左1 倾斜平铺的橡木地板
左2 形状不一的酒瓶闪耀着威士忌的光彩
左3 墙上是各时期的产品海报
右1 缤纷的地面色彩

左1 在代表人物的画面中看到了岁月的剪影
左2 铜质洗手台
左3 美酒散发着浓郁的苏格兰气息
右1 深沉浓烈的氛围

主编

陈卫新

编委（排名不分先后）

陈耀光、陈南、高蓓、黄玉枝、蒲仪军、孙天文

沈雷、王琼、王兆明、吴海燕、叶铮、冯程程、郑玉滢

图书在版编目(CIP)数据

2012中国室内设计年鉴 /《中国室内设计年鉴》编辑部编. -- 沈阳 : 辽宁科学技术出版社, 2012.12
ISBN 978-7-5381-7698-8

Ⅰ. ①2… Ⅱ. ①中… Ⅲ. ①室内装饰设计－中国－2012－年鉴 Ⅳ. ①TU238-54

中国版本图书馆CIP数据核字(2012)第230572号

出版发行：辽宁科学技术出版社
（地址：沈阳市和平区十一纬路29号　邮编：110003）
印 刷 者：上海锦良印刷厂
经 销 者：各地新华书店
幅面尺寸：230mm×300mm
印　　张：84.5
插　　页：8
字　　数：100千字
印　　数：1～2000
出版时间：2012年12月第1版
印刷时间：2012年12月第1次印刷
责任编辑：陈慈良 杜丙旭
封面设计：赵宝伟
版试设计：赵宝伟
责任校对：周　文

书　　号：ISBN 978-7-5381-7698-8
定　　价：498.00元（1、2册）

联系电话：024—23284360
邮购热线：024—23284502
E-mail:lnkjc@126.com
http://www.lnkj.com.cn
本书网址：www.lnkj.cn/uri.sh/7698